电脑手绘技能基础实用教程

实用教程

高 敏 编著

重庆大学出版社

图书在版编目（CIP）数据

电脑手绘技能基础实用教程 / 高敏编著.--重庆：
重庆大学出版社，2018.3
ISBN 978-7-5689-0861-0

Ⅰ.①电…　Ⅱ.①高…　Ⅲ.①图形软件—教材　Ⅳ.
①TP391.412

中国版本图书馆CIP数据核字（2017）第250835号

电脑手绘技能基础实用教程

DIANNAO SHOUHUI JINENG JICHU SHIYONG JIAOCHENG

高　敏　编著

策划编辑：张菱芷

责任编辑：刘雯娜　　版式设计：刘雯娜

责任校对：张红梅　　责任印制：张　策

*

重庆大学出版社出版发行

出版人：易树平

社址：重庆市沙坪坝区大学城西路 21 号

邮编：401331

电话：（023）88617190　88617185（中小学）

传真：（023）88617186　88617166

网址：http://www.cqup.com.cn

邮箱：fxk@cqup.com.cn（营销中心）

全国新华书店经销

重庆共创印务有限公司印刷

*

开本：889mm×1194mm　1/16　印张：15　字数：400千

2018年3月第1版　2018年3月第1次印刷

ISBN 978-7-5689-0861-0　定价：68.00元

写在前面

时代在前进，科学技术在飞跃发展，尤其是数字化技术、计算机技术及应用和网络技术及应用更是突飞猛进，改变了社会生产、人们的生活及学习。当前，电脑应用在我国已相当普遍，但直接在电脑上进行徒手绘画并不普遍，甚至在高等美术教学等方面也还未普及。电脑手绘在国外早有应用，我国在动漫、游戏创作、插图、汽车创意等领域也有不同程度的应用。可是，除艺术院校的动漫专业之外，绘画专业及设计类专业的教学仍然普遍运用传统绘画方式进行。学生们不仅要准备沉重的画板、画架，复杂的颜料、调色盒、画笔、刷子和水桶等绘画工具，而且绘画准备与过程也很费时，需要的绘画空间较大，实际效果较差且不环保。而应用电脑手绘手段只需要适合的绘画软件、电脑、数位板或数位屏甚至是二合一的数位屏电脑，就能完全代替所有的绘画物质条件，十分方便、环保，而且绘画效率高、效果好。电脑手绘能快速画出创意构思，是设计师或美术家捕捉灵感的最佳手段。它不仅能画，而且储存和查找也很方便；不仅能画创意构思，还能画出各类设计方案效果图，因此电脑手绘是设计专业人员学习和工作的最佳工具。

由于绘画软件具有强大的画笔功能，它能运用各种各样不同参数的画笔快速地进行数字化处理，颜色丰富多彩，最终呈现你所需要的，甚至是难以想象的、不同的艺术表现效果。因此，电脑手绘用于传统绘画的学习和绘画构思等，确实是一种非常方便、实用的工具。

早在 1997 年，笔者就尝试用最早日本生产的 Wacom 手写板在电脑上进行电脑绘画。但是，该手写板的绘画性能很差，也没有好的绘画软件，只能画简单的画面。后来又发展到用数位板进行电脑手绘并一直沿用至今，但仍然是一种不直接的绘画方式。但是，用二合一的平板电脑以及二合一的数位屏电脑进行手绘的感觉就大不相同。这种方式非常直接、方便，平板电脑屏幕就是画布（纸），只需一支电容感应或电磁感应的画笔，不要其他任何绘画材料，就如同平常用笔绘画一样方便。

经过三年多的电脑手绘学习探索，笔者认为，它有很多优势，是专业和业余绘画者十分得力的绘画工具，值得大力提倡和应用。尤其在科学技术高度发展的今天，绘画教育、设计教育必须改变传统的教学模式和教学手段，从多年不变的教学方式提升到适应现代科技发展的水平上来，适应现代数码技术、网络技术等新技术领域，只有这样才能提升现代美术教育的水平，适应高层次人才培养目标。

不论是设计表达绘画还是传统美术绘画，其核心问题都是构思（构图）、用色，用笔来表达画面的艺术效果。因此，本教材的重点旨在让读者了解电脑手绘技能最基础的部分，主要掌握软件中的色彩、画笔应用和绘画中常用的效果表达技法，而并非系统全面地介绍电脑手绘的有关知识和技能。为了表达电脑手绘中某些特别的表现形式、艺术效果和绘画技法，笔者应用了一些传统绘画的例子来说明，而不仅仅局限于设计类表达，以便读者较为全面地了解电脑手绘技能和不同的绘画效果，达到多方面应用的目的。

本教材可作为设计类专业或美术类专业电脑手绘学习者的基础教学参考，也可作为业余美术爱好者学习电脑手绘的入门工具书。作为一个业余美术爱好者，笔者的知识与绘画水平有限，不足之处，请予以指正。如果能为现代美术教育和美术爱好者学习电脑手绘起到一点点作用也备感欣慰。

重庆大学工业设计专业教师 高敏

2018 年 1 月

序　言

工业设计是实现产品创新、品质提升与绿色生态和谐的重要途径，涉及设计、材料、工艺、制造、营销、商业模式、艺术、人文等多个学科领域，属于典型的交叉学科和知识密集型行业，对实现中国制造向中国创造的转型具有重要意义。随着工业 4.0、"互联网 +"等新一轮工业革命的兴起和"中国制造 2025"国家战略的实施，工业设计学科迎来了大好的发展机遇，也为工业设计领域人才培养提出了更新、更快、更高的要求。

在工业设计中，日益丰富的计算机辅助工业设计软件可帮助设计师实现设计表达，但在设计早期的创意概念化模糊阶段，手绘更能将工业设计师的设计灵感以图形化方式快速表达出来，并传递给用户，从而验证设计师的创新设计灵感是否能转变为用户所喜爱的产品。作为一名优秀的工业设计师，必须具备较高的艺术设计功底和出色的手绘能力，才能完整地表达出设计师的理念，而不只是简单的效果图。设计是将计划、创意与用户需求有机结合起来，通过图形方式表达出来的活动过程。只有将设计概念手绘成型，才能更为直观地审视产品，更快地找到一个好的创意设计；否则，制作出来的产品和脑海里的设计构想相差甚远，即使再好的创意也是徒劳无功。所以手绘作为工业设计教育的基础环节，其重要性不言而喻！

随着计算机与信息技术的普及，手绘图从传统的绘画模式逐渐走向电脑手绘。电脑手绘效果图因其方便、环保、快捷、效果好、存储与查找方便等诸多优点，逐渐成为工业设计师乃至美术家收集与表现灵感的最佳手段，同时也是设计专业人员工作与学生学习的重要工具。作为一名优秀的工业设计从业者，除了要掌握传统的绘画模式，还要向新技术、新工具靠拢，不断提高自己的专业素养与设计能力。

目前，国外高校，特别是欧美一些发达国家和亚洲的日本、韩国，其工业设计教育教学已大量采用电脑软硬件，将电脑手绘效果图作为设计表达的基本方法已十分成熟，尤其在汽车造型设计领域，美国艺术中心设计学院（ACCD）、创意设计学院（CCS），英国考文垂大学（Coventry University）、皇家艺术学院（RCA），意大利多莫斯设计学院（Domus Academy），日本千叶大学，韩国弘益大学等知名设计类高校，均将电脑手绘效果图作为设计方案表达的主要手段，不仅购置了大量压感级别与分辨率较高的手绘屏，还建立了专门的实验室或者工作室开展教学与科研活动。而国内高校，除少数学校有部分相关设备外，大都由于经费投入与教学技术手段发展趋势认识等问题，导致电脑手绘效果图的教学并未得到普及，师生对电脑手绘技能的掌握显得十分不足。

《电脑手绘技能基础实用教程》是高敏教授多年从事工业设计教学经验的积累和手绘设计表达技能研究的成果总结，内容十分丰富。该教材详细介绍了各类绘图软件的优势，通过大量作者的手绘案例，分步骤讲解了效果图制作的详细过程，特别对手绘技巧做了十分翔实的说明。教材的出版将丰富国内的电脑手绘设计表达教学资源。该书可作为中国工业设计人才培养和设计师创新设计的教学和工作参考书，十分及时，很有意义。

郭钢

重庆大学汽车工程学院院长

目　录

第一章　关于电脑手绘

第一节　电脑手绘的特点及应用

一、电脑手绘的特点

1. 电脑手绘是充分利用现代科技的"绿色绘画"

电脑手绘是颠覆传统绘画的"绿色革命"，它不需要纸、画布、木板等各种绘画载体，仅用电脑屏幕就能代替这些材料。电脑软件中有多种多样不同形式和性能的画笔，而且各种画笔的大小、形式、方向和性能参数都可以根据不同的需要进行调整，完全能代替传统绘画中各种性质的笔性与笔法。从绘画需要的多种不同性质特点的颜料来看，完全可以由电脑表现的绘画载体代替传统绘画的国画颜料、水彩颜料、丙烯颜料、油画颜料等各种不同的绘画颜料。不仅一支笔就能代替你所需要的各种类型的笔，而且传统绘画需要的种类繁多的纸张、画布以及特殊材质的多样载体，电脑手绘中同样有纸质肌理等多种多样的绘画载体，电脑手绘通过屏幕与软件就能获得它的功能，不需要任何实体材料。因此，从绘画的物质材料需求来看，它是经济的，不浪费资源，而且还很环保、安全，避免使用一些有毒、有害的颜料。随着科技及信息技术的飞跃发展，电脑手绘将是绘画领域的一场"绿色革命"，更是绘画向数字化发展的必然趋势。

2. 电脑手绘的方便性与时尚性

电脑手绘的最佳配置是一台小巧轻盈的二合一平板数位屏电脑（或是一般的高配置具有触摸屏的二合一电脑），因为携带十分方便。对绘画者来说，可以将其带到野外写生，甚至可用电脑的摄像功能记录需要的绘画素材，而不需要携带沉重的绘画工具。电脑还具有强大的存储功能，可以存储无数的绘画资料，不论是自己的作品还是参考资料等，都可以随时调出来观看。而且电脑具有网络功能，可在网上远程传递作品，进行交流学习和互联网教学活动，这些都是传统绘画无法实现的功能。

3. 电脑手绘的高科技数码特性

电脑手绘的所有绘画元素全都可以转化为数字信息，利用强大的软件功能代替传统绘画的绘画功能和绘画物资（纸、笔、颜料），并且可以按绘画步骤记录或存储绘画程序的每个重要阶段和过程，十分方便快速，完全不同于传统绘画的模式。

电脑手绘所应用的软件具有特殊和方便的"图层功能"，这一功能不仅可以将绘画互不干涉的部分分层来画，每层设为透明层面，随时重画或删除不满意的某一层或某一部分，而且层面的上下关系也可任意调整，大大提高了绘画效率和质量，这一点是传统绘画不可能实现的。

电脑手绘的色彩应用既丰富多彩又方便调整，软件中有很多色彩应用的功能，色彩要素的调整变化和色彩更改都非常方便，尤其是对某一色彩进行重复配色时，可以方便地使用"吸管"工具，准确无误地获得原来的配色，方便调整整个画面或局部的明暗对比和色调等，这也是传统绘画达不到的功能。

电脑手绘的画笔应用功能十分强大，不仅形式多样，而且可任意调整变化。不论是西画中的干、湿、浸润、喷涂，还是国画中的各类笔法，都能轻松实现，而且更有立体感，更富肌理效果。运用图案笔形选择预存的图形便可快速地画出一幅画来，这是传统绘画不可能实现的魔法手段。

二、电脑手绘的应用前景与发展

电脑手绘的应用十分广泛，前景大好。当前，电脑手绘广泛应用于国内印刷品、动漫、游戏软件开发和影视等方面，而传统绘画无法满足图形图像的数字化要求，且其人才培养和需求也不能与市场同步。所以笔者认为，电脑手绘是传统绘画改革的新方向，当今众多的艺术门类，如电视、电影、音乐、广告、传媒、平面设计、包装、印刷等，都是依靠了发展迅猛的电子技术、数码技术、信息技术才得到飞跃发展与进步，传统绘画模式也必然会产生革命性的变革与进步。

电脑手绘能满足不同类型画种的效果和要求，完全能全面代替传统的绘画方式并改进传统的绘画模式，尤其对初学者而言，可以不受价格昂贵和负担沉重的绘画物资、场地和资源的限制。一台数位屏电脑就能随时随地实现绘画学习和创意构思的目的，并且拥有强大的记忆功能和存储功能，这些都是传统绘画模式无法比拟的绝对优势。除前面所述的艺术门类外，当前众多的设计专业，如工业设计、产品设计、服装设计、环艺设计、建筑设计、室内装饰设计等，都可逐步应用电脑手绘。因此，它在应用与人才培养方面都具有非常广泛的应用前景与发展。

三、设计类专业人员学习电脑手绘的优势和条件

目前，我国设计类专业很广泛，主要有建筑设计、室内装饰设计、环艺设计、工业设计、产品设计、广告设计、装潢设计、平面设计、动漫设计、插图设计、服装设计、时尚设计等。这类设计人员的工作任务主要是进行设计创意，然后用小幅面的创意构思草图和效果图的方式表现出来，如在纸面上绘制或在电脑中用专门的设计软件进行绘制。它不需要像油画、国画、装饰画、漆画等传统美术作品那样，需要特别的载体，如油画布、宣纸、木板等材料。因此，设计类创意设计大部分表现方式都可以在电脑上完成，然后打印出来得到设计方案图。在电脑上用 CAD 软件绘制建筑和装饰效果图、用 3ds Max 软件及高档的三维建模和软件绘制的产品效果图的确能精细逼真地表现设计效果，但从艺术的审美角度来讲有些表现又过于死板，而且需要较好的硬件、软件条件，较高素质的操作软件人员和熟练的操作技术，既费时，成本又高，一般用于设计的最终方案表现上。总的来说，前期的创意构思表现还是手绘比较经济、实用、快速，如能应用电脑手绘的"绿色绘画"手段就更加方便、快捷。因此，设计类专业人员应用电脑手绘会有非常大的优势。

作为初学的设计类专业人员，只需具备一般的美术基础知识和绘画技能。例如，对于工业设计专业学生来说，就没有必要进行美术专业人员的基础绘画技能训练，如石膏素描、人物素描、色彩写生。电脑手绘学习的前期训练最主要的课程内容是结构素描（图1-1）、设计速写（图1-2）和最基础的色彩知识。而且，基础训练课程的内容和作业练习仍然可以不用传统的纸、笔、颜料，就用电脑手绘的方式进行。通过由简到繁的结构素描、设计速写、色彩写生，直到效果图的电脑手绘作业练习，设计者能较快掌握工业设计表现技能，画出创意构思草图和产品效果图。尤其在工业设计、产品设计领域，通过计算机技术将二维表现直接转化成三维造型的技术已成为可能。因此，应用电脑手绘的二维造型转化就比画在纸上的方式更为直接、方便。

　　对于其他类型的设计类专业人员的培养学习，电脑手绘的前期要求可按专业特点适当改变，只要具有一般的绘画基础知识与技能，学习电脑手绘就并不困难。例如，服装设计、环艺设计等最主要的表现技能就是线描和填色，服装设计偏重人物形态表现，而环艺设计则偏重自然景物的表现。

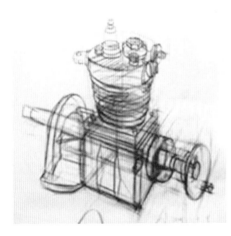
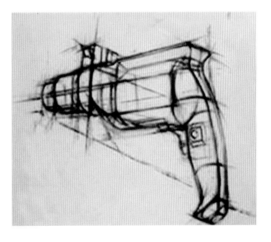
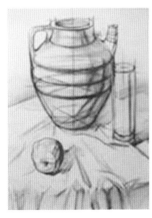
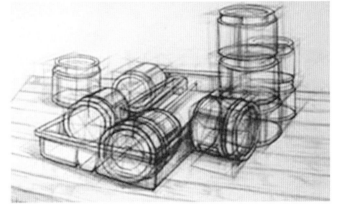

图 1-1

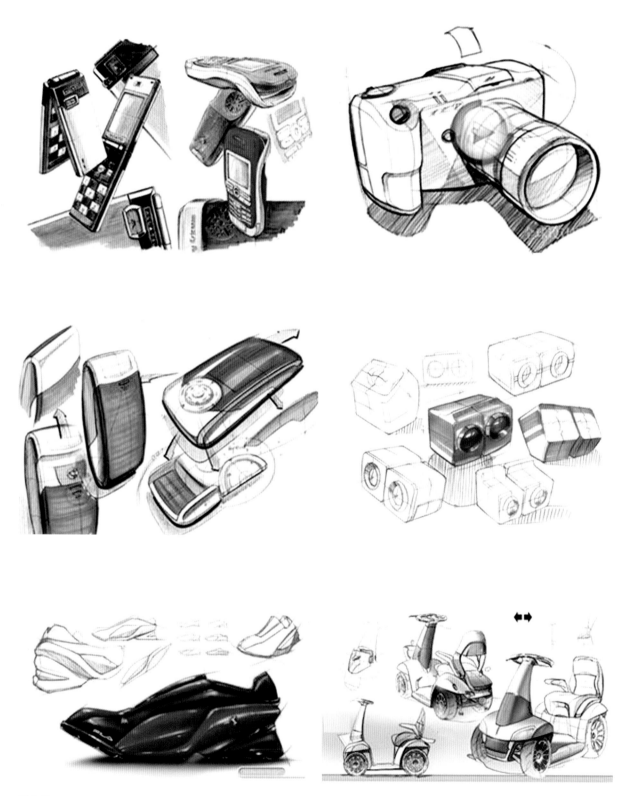

图 1-2

第二节　电脑手绘的硬件条件

一、数位板与电脑相结合的应用

数位板，又称为绘图板、绘画板、手绘板等，是计算机输入设备的一种，它由一块板子和一支压感笔组成。它和手写板有些类似，区别在于数位板主要用于设计和绘画方面。数位板的基本原理是采用电磁式感应原理，在光标定位及移动过程中使笔尖切割板面的磁场，从而产生电信号，通过多点定位，数位板芯可以精确地确定笔尖的位置。用数位板绘画犹如在纸上绘画一样，它可以模拟各种各样的画笔，并伴有触压感。压力大小不同就如用笔的轻重不同一样，压力小时画出的线条细，而压力大时画出的线条就要粗些。但是数位板的绘画效果只能在计算机的屏幕上表现，画的时候手如同执笔在画，而眼睛必须观察屏幕上的效果，实际上是眼手分离的（图1-3）。在没有触摸屏电脑的时代，数位板用于设计和绘画也是十分方便的。

数位板有有源无线和无源无线两种。有源无线的装有电池，可以释放出一定的磁场；而无源无线的没有电池，感应笔是通过数位板产生的磁场反射来完成的。笔的压感产生于笔的压力电阻，压感又通过磁场信号反馈到数位板上。

数位板的主要参数要求有压力感应、坐标精度和读取速率等，但压力感应级数是最主要的，一般分为三个等级：512（入门级）、1024（进阶级）、2048（专家级）。随着技术的不断提高和普及，市面上已没有512级别的数位板了，并且压力感应级数还在不断提高。

数位板的板面大小非常重要，但并非越大越好。板面太大，手臂运动的范围就大，易让人产生疲劳感；而板面太小，又会使手腕、手臂舒展不开，让人感觉不方便。数位板最合适的大小应该是绘画者的两个手掌基本能放在数位板上或数位板略大一点儿。

图1-3

　　作为一种硬件，数位板需要好的软件来支持。作为一种输入工具，数位板可结合 Painter 12、Photoshop、M-Brush 等绘画软件，创作出多种风格的绘画作品，得到轻松顺畅的绘画体验。而且在数位板上作画与在纸上绘画有着明显的差别：一是笔与板的接触需要在电脑屏幕上显示，感受不直接；二是数位板要产生物理错位、比例错位，板的大小不同，笔的移动与屏幕中指针的移动速度快慢和尺寸感觉是不同的。因此，习惯在纸上作画的绘画者有可能一时无法适应，使数位板的应用存在一些问题。图 1-4—图 1-9 为几种不同品牌和式样的数位板。

图 1-4　　　　　　　　　　　　　　　　图 1-5　　　　　　　　　　　　　图 1-6

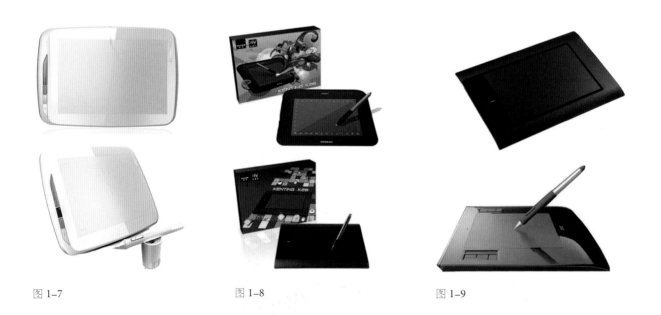

图 1-7　　　　　　　　　　　　　　　　图 1-8　　　　　　　　　　　　　图 1-9

二、数位屏与电脑相结合的应用

随着电脑的快速发展，触摸屏功能得到广泛应用，因此，将数位板和电脑显示相结合的数位屏应运而生。数位屏犹如画纸，绘画者可直接在液晶屏上绘画，这比数位板应用更方便、更直观（图1-10—图1-12）。

数位屏，又称为手绘屏、书写屏，是电脑输入设备的一种。数位屏一般由一块液晶屏、一支主动式数位笔和一副支撑架组成。数位屏与配置较高的主机连接构成了适用于设计室内固定式的绘画硬件系统。数位屏是一种改变电脑使用方式，使办公、设计、绘画发生革命性变化的新产品。数位屏将LED液晶显示屏与数位板整合为一体，使用者可用其配套的压感笔在液晶屏上直接进行写屏输入（手写、设计和绘画），输入模式直观、高效。因此，在金融、医疗、多媒体制作、建筑、出版，尤其在动漫设计、工业设计、服装设计等领域拥有广泛的应用前景。

图1-10

图1-11

图1-12

目前，市场上有 13.3 英寸、19 英寸、21.5 英寸和 24 英寸的数位屏。如果数位屏与电脑配合使用，选择屏幕适中的 19 英寸为佳。因为现在的主流绘图（画）软件都习惯将工具和多种功能的控制面板设计在界面两侧，它们会占用一部分桌面，因此选择宽屏的产品更易获得更大的绘画面积。一般来说，数位屏的屏幕尺寸越大，价位越高，选择时需折中考虑。

数位屏的分辨率同样重要，分辨率越高越易获得精细、逼真的画面效果。此外，色彩表现的真实性和准确性也很重要。

数位屏和数位笔之间的感应灵敏度（压力感应）最好达到 2048 级以上，为了绘画时舒适、方便，数位屏最好有可调整的支架。如果是企业用于专业设计或是学校用于设计教学，那么应用数位屏就较为适合，其幅面大且管理方便。

图 1-13—图 1-16 为市场上几款常见的国产数位屏和进口数位屏。

图 1-13

Wacom 新帝DTH-A1300数位屏（Android版）	Wacom Cintip新帝13HD DTK-1300液晶数位屏手绘屏	Wacom新帝24HD touch触控液晶数位屏手绘屏	Wacom 新帝DTH-W1300H/K1-F数位屏手绘屏
新帝DTH-A1300数位屏（Android版）将13"的全功能Cintiq创意数位	体验全新超薄设计的新帝13HD液晶数位屏，体验设计紧凑轻巧	全创意体验。利用Wacom最先进压感笔的自然控制力和手感创作设计	新帝移动双模数位屏（Android版）-把全世界都变成您的工作室

博学通(Bosto)22U mini数位屏21寸IPS屏2048级压感手绘屏	BOSTO 22HD数位屏手绘屏IPS屏	绘王GT-190大师级数位屏手绘屏	友基UG-1910B数位屏手绘屏
Bosto这款数位屏采用最新技术的IPS显示屏，让图片显示更加高清	业界顶级配置新品 BOSTO 22HD，海外技术，欧美热销	绘王GT190数位屏采用方正凌厉，质感超凡的简约边框，平面嵌入	友基UG-1910B数位屏采用新型的镜面设计，16MSTFT液晶面板，2048级

图 1-14

图 1–15

图 1–16

三、二合一手绘屏（数位板功能）电脑的应用

二合一手绘屏电脑是将数位屏与电脑主板、内存卡、显卡、电源等硬件组合在一起的高配置手绘电脑。图 1–17 是日本新帝（Wacom）装有 Windows 8 系统的二合一平板数位屏电脑，是目前市场上应用较多的机型。此电脑轻薄方便，性能突出，是电脑手绘的最佳硬件。但是它的电脑屏幕并不大，仅 13.3 英寸，如果能搭配一个较大的显示屏，则既可使应用更加方便，又可兼顾携带方便的基本要求，不过这种配置价位较高。图 1–18—图 1–21 介绍了此数位屏电脑的特点性能和规格参数。

图 1–17

随时随地　保持联系

拥有平板电脑具备的一切功能——双高清摄像头、
Wi-Fi、Bluetooth® 和扬声器

为您提供了完善的电子邮件和社交媒体访问，无
论身在何处，都能够轻松共享和协作

工作时还可以欣赏美妙的音乐。通过 Mini Display Port
和 2 个 USB 3.0 端口，可以方便地连接其他外设或显示设备

200 万像素摄像头

256 GB　可以选择 256 GB SSD 或 512 GB SSD 版本的
新帝超级平板（Windows 8 版）

512 GB　两个型号均配备了第三代 Intel® Core™i7 处
理器、Intel HD Graphics 4000 显卡、固态硬
盘驱动器和 8 GB DDR 内存

Cintiq Companion

- Wac
- 4 个 Expresskeys™、环形键，以及径向菜单
- 高清摄像头、Wi-Fi、Bluetooth® 和扬声器
- 第三代 Intel® Core™i7 处理器、Intel HD Graphics
  4000 显卡、固态硬盘驱动器和 8 GB DDR 内存

13.3英寸

新帝超级平板（Windows 8 版）
拥有专业 Wacom Cintiq 创意数位屏的一切功能

采用 13.3 英寸全高清宽屏显示屏，另外还结合了多点
触摸控制，带来直观、自然的创作体验

Wacom Pro 手写压感笔，具有 2048 级压感级别，
能够检测到笔画的角度，如同传统的画笔或记号笔一般

图 1-18

优化您的工作方式

可以放在膝盖上使用，也可以竖立放置在可调节底座的
3 个工作位置上使用——总有一种方式便于查看和展示您
作品的全貌

可拆卸支架（支持 3 个角度：22 度，35 度和 50 度）

专业强大的配件工具

拥有 2048 级压力感应与 60 度倾斜感应，能精确模拟
各种传统画笔、笔刷与马克笔的笔触表现

无源无线笔技术，具有极轻的起始压力，能感应极微
细的压力变化，更精准、稳定和耐用

Wacom 还提供了一个迷你 Bluetooth® 键盘作为选购
配件

图 1–19

360°展示

图 1–20

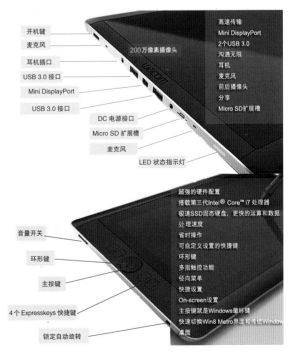

高速传输
Mini DisplayPort
2个USB 3.0
沟通无限
耳机
麦克风
前后摄像头
分享
Micro SD扩展槽

开机键
麦克风
耳机插口
USB 3.0 接口
Mini DisplayPort
USB 3.0 接口
200 万像素摄像头
DC 电源接口
Micro SD 扩展槽
麦克风
LED 状态指示灯

超强的硬件配置
搭载第三代Intel® Core™ i7 处理器
极速SSD固态硬盘，更快的运算和数据
处理速度
省时操作
可自定义设置的快捷键
环形键
多指触控功能
径向菜单
快捷设置
On-screen设置
主按键就是Windows鼠标键
快速切换Win8 Metro界面和传统Windows
桌面

音量开关
环形键
主按键
4 个 Expresskeys 快捷键
锁定自动旋转

图 1–21

四、有触摸屏功能的二合一平板电脑的应用

将带有触摸屏功能的高端笔记本电脑与 Windows 8 或 Windows 10 系统软件紧密结合，即可直接在电脑上进行手绘。这种方式与用数位屏电脑绘画一样，仅仅是触摸功能屏的精度与数位屏的压力感应精度略有差异，但其携带、存储、观察都很方便，还能充分利用电脑的其他功能，满足集绘画、学习、工作、娱乐于一体的需求，可谓一举多得。

目前，适合电脑手绘的电脑基本要求是：具有触摸屏功能，有一支感应笔当画笔，能适应安装所需的绘画软件，运算速度快，反应敏捷。

就目前状况来看，二合一的可折转的超级本最适合进行电脑手绘。图 1-22—图 1-27 是联想 Yoga 3 Pro 13. 13-15Y70（D）型二合一平板触摸屏电脑的外形、结构及性能参数等方面的信息，它是目前国产二合一触摸屏电脑配置较高的一款产品。图 1-28—图 1-32 是惠普、富士通等品牌的一些电脑信息的简单介绍，仅供参考。

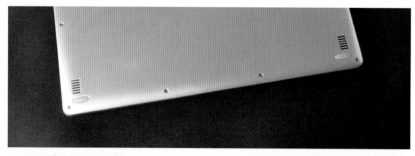

图 1-22

图 1-23

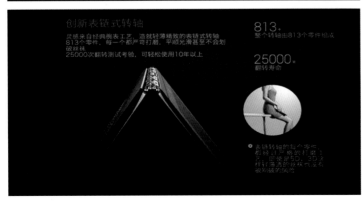

图 1-24

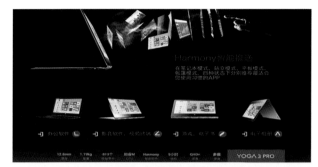
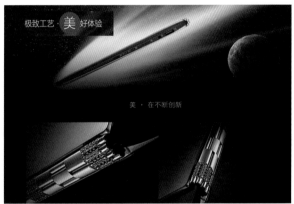
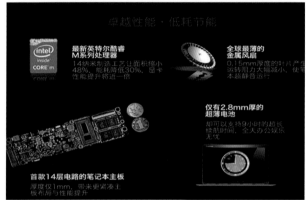

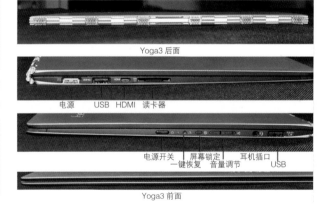

图 1-25

产品名称	Yoga3 Pro 13-I5Y70(D)
处理器	智能英特尔®酷睿Broadwell双核处理器 Intel 5th Core M-70 1.1 GHz (可以睿频至2.6GHz)
操作系统	Windows 8.1 中文标准版
外观颜色	皓月银 或 香槟金
键盘	白色背光键盘
芯片组	英特尔高速芯片组
屏幕类型	13.3 英寸超高清（分辨率：3200X1800）IPS广视角炫彩屏，支持十点触控，三代大猩猩玻璃
内存	4GB DDR3 L 板载内存
显卡	intel 核显
声音系统	超强立体声音响
硬盘	128GB SSD 极速固态硬盘
光驱	无
集成摄像头	HD720P 高清摄像头
无线局域网卡	WIFI BGN无线局域网卡
蓝牙	蓝牙 4.0
电池	44Wh锂电池(内置锂聚合物电池)，7.2 小时续航
标准接口	Micro HDMI高清接口/全阵列式抗噪麦克风，支持立体声的耳机、音频输出整合插孔/多合一读卡器
重量	1.19kg

图 1-26

产品参数：

产品名称：Lenovo/联想 Yoga3 Pro-...	是否PC平板二合一：是	机身重量（含电池）：1.19kg
品牌：Lenovo/联想	系列：Yoga 3	型号：Pro-I5Y70(D)
屏幕尺寸：13.3英寸	屏幕比例：16：9	CPU平台：Intel Core/酷睿Broadwell 5Y...
显卡类型：核芯显卡	显存容量：共享内存容量	机械硬盘容量：无机械硬盘
固态硬盘：256GB	内存容量：4GB	光驱类型：无光驱
适用场景：轻薄便携 商务办公 尊奢旗舰	重量：1kg(含)-1.5kg(不含)	售后服务：全国联保
颜色分类：香槟金 5Y70/4G/256G固态 ...	上市时间：2014年	月份：11月
操作系统：windows 8.1	通信技术类型：无线网卡 蓝牙	输入设备：触摸板 触摸屏
附加功能：摄像头功能 USB 3.0	套餐类型：官方标配	是否超极本：是
是否内置电池：内置电池	分辨率：3200X1800	是否触摸屏：触摸屏

图 1-27

图 1-28

惠普Split 13-m001TU （E4Y04PA）详细参数	
基本参数	上市时间2013年8月
	产品类型家用
	产品定位轻薄便携本，迷你笔记本，二合一笔记本，Ultrabook笔记本
	超极本特性触控
	变形方式插拔
	操作系统预装Windows 8（32bit）
	主板芯片组Intel UM77
处理器	CPU系列英特尔 酷睿i3 3代系列
	CPU型号Intel 酷睿i3 3229Y
	CPU主频1.4GHz
	总线规格DMI 5 GT/s
	三级缓存3MB
	核心架构Ivy Bridge
	核心/线程数双核心/四线程
	制程工艺22nm
	指令集AVX，64bit
	功耗13W
序储设备	内存容量4GB（4GB×1）
	内存类型DDR3L（低电压版）1333MHz
	硬盘容量128GB
	硬盘描述SSD固态硬盘
	光驱类型无内置光驱

图 1-29

多媒体设备	摄像头集成摄像头
	音频系统Beats Audio音效系统
	扬声器双扬声器
	麦克风内置麦克风
网络通信	无线网卡支持802.11b/g/n无线协议
	有线网卡1000Mbps以太网卡
	蓝牙支持蓝牙功能
I/O接口	数据接口1×USB2.0+1×USB3.0
	视频接口HDMI
	音频接口耳机/麦克风二合一接口
	其他接口电源接口
	读卡器多合1读卡器
输入设备	指取设备多点触控触摸板
	键盘描述全尺寸键盘，孤岛式键盘
电源描述	电池类型3芯聚合物电池，3300mA
	续航时间具体时间视使用环境而定
	电源适配器100V-240V 65W 自适应交流电源适配器
外观	笔记本重量2.26kg
	长度340mm
	宽度230mm
	厚度23.4mm
	外壳材质镁铝合金
	外壳描述银色
其他	附带软件随机软件
	其他特点支持NFC功能，支持键盘与屏幕分离，屏幕可单独当平板电脑使用
笔记本附件	包装清单笔记本主机 x1
	电源适配器 x1
	数据线 x1
	说明书 x1
	保修卡 x1
保修信息	保修政策全国联保，享受三包服务
	质保时间1年
	质保备注1年整机保修，主要部件2年
	客服电话800-810-3888，400-610-3888
	电话备注周一至周五：8:30-21:00（节假日休息）
	详细内容售后服务由品牌厂商提供，支持全国联保，可享有三包服务。如出现产品质量问题或故障，查询请通过厂商维修中心或特约维修点所提供的质量检验证明，享... 日内退换，15日内换货。超过15日又在质保期内，可享受免费保修等三包服务政策。惠普笔记本不同，以保修卡为准，可拨打客服电话具体查询

图 1-30

图 1-31

图 1-32

综上所述，目前最专业的电脑手绘硬件还是日本 Wacom 生产的数位板、数位屏和二合一数位屏电脑，且性能优良，但价位较高。2017 年 8 月，微软公司新上市的 28 英寸的 Surface Studio 触摸屏一体机，性能更优，价位更高。随着科技的不断发展，电脑手绘的新硬件产品不断涌现，电脑手绘爱好者们应根据需要与经济条件配置最适合的电脑手绘硬件。

笔者采用的硬件配置方案是：SONY-VAIO 10.3 英寸二合一具有触摸屏功能的折叠式平板笔记本电脑（图 1-33，因该机购买时间较早，故屏幕尺寸不大，而且不是专门进行手绘的触摸屏平板电脑，因此压感性能较差）与 AOC 27 英寸高清可旋转显示屏相结合，这样既能在笔记本触摸屏上直接用专配电容笔作画，又能在大显示屏上横、竖两个方向满屏观察画面效果（图 1-34），即使单独携带笔记本进行绘画和应用也非常方便。

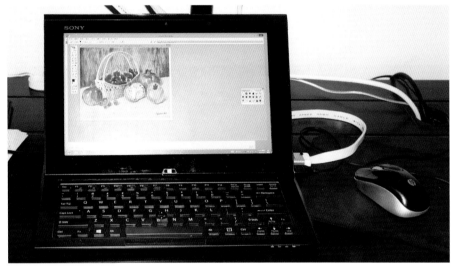

图 1–33

图 1–34

第三节　常见电脑手绘软件

电脑手绘的应用软件很多，根据不同层次和要求，有适应初学者和儿童的绘画软件，有专门适合漫画制作的绘制软件，也有高档次表现自然和艺术效果较高水平的手绘软件，等等。

下面介绍几种常见的绘画软件。

1. 金山画王绘画软件

金山画王绘画软件是一款专门为儿童设计的简单绘画软件，具有童趣的人性化界面、多种画笔特效工具、卡通人物定时提示和背景音乐等功能，软件界面如图 1-35 所示。

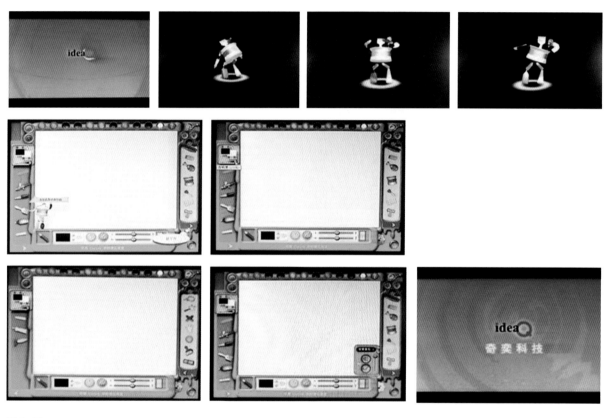

图 1-35

2. X-MyPaint 绘画软件

软件界面如图 1-36 所示。

3. Tux Paint 绘画软件

该软件是专门为儿童设计的绘画软件。

4. Balsamiq Mockups 绘画软件

这是一款手绘风格的产品原型设计软件，软件界面如图 1-37 所示。

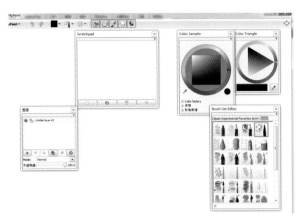

图 1-36　　　　　　　　　　　　　　　　　　　　图 1-37

5. 永盛绘画软件

永盛绘画软件界面如图 1-38 所示。

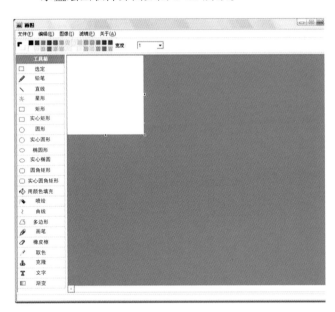

图 1-38

6. Artweaver 绘画软件

Artweaver 绘画软件界面如图 1-39 所示。

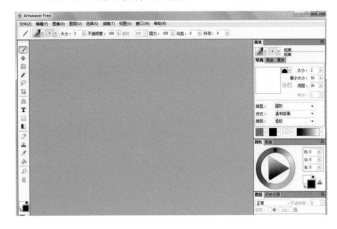

图 1-39

7. Easy Paint Tool SAI 绘画软件

这是一款漫画绘画软件，用 SAI 勾线条十分方便，且笔刷图案丰富、逼真，适合漫画爱好者使用。软件界面如图 1-40 所示。

图 1-40

8. Comic Studio 绘画软件

这是一款黑白漫画绘画软件，它是全球第一个专业漫画软件，也是基于无纸矢量化技术的专业漫画创作软件。

9. Open Canvas 绘画软件

这是日本的一款主要用于漫画制作的软件，适合初学者入门学习。

10. Illuststudio 绘画软件

这是一款动漫绘画软件，主要界面与 Comic Studio 大致相同，但面板更人性化，彩绘、图层功能强大，拥有矢量功能。软件界面如图 1-41—图 1-43 所示。

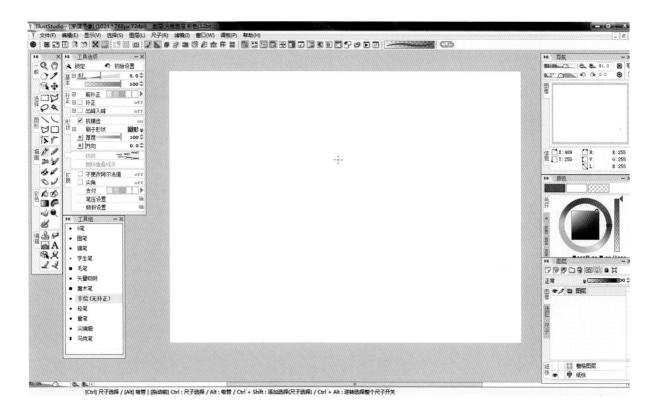

图 1-41

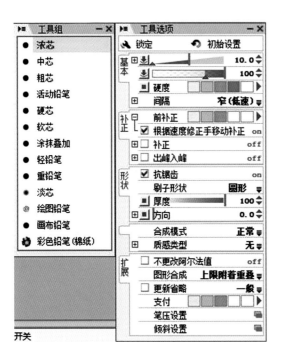

图 1-42

图 1-43

11. Sketch Book Pro 绘画软件

此款绘画软件较为简单，软件界面如图 1-44 所示。

图 1-44

12. Adobe Photoshop CS 专业图像处理及绘画软件

Adobe Photoshop CS 软件是当今用于图像处理的权威性软件，具有非常强大的图像处理功能，但主要用于平面设计（图书封面、招贴、海报等平面印刷品）、照片处理（具有强大的图像修饰功能，调整图像色调等参数和图像装饰等）、网页设计（美化网页元素，提高网页审美性）、界面设计（产品可视界面的美化设计）、文字设计（可以设计出多种质感和特效的文字，用于很多方面）、插画创作（可以绘制各种各样的精美插图）、视觉创意（多种艺术设计的视觉创意）、三维设计（针对三维产品的效果图进行后期修饰调整）等方面。软件中的画笔工具有多个类型，每类画笔又含有多种不同参数，可以获得适用于不同画种的基本画笔工具，再加上其丰富多彩的色彩系统、色彩应用工具以及图层功能，使电脑手绘变得十分方便、快速，绘画效果也很不错。因此，该软件可以画出素描、水彩画、国画、油画、装饰画、木刻画、动漫画、插图等多个不同类型的图像。

Adobe Photoshop CS 图像处理及绘画软件从发行 Photoshop 2.0 版本至今已有多个不断升级的版本，目前最高版本为 CC2017。Photoshop CS6 软件的启动界面如图 1-45 所示，Photoshop CS3 软件的启动界面如图 1-46 所示。

图 1–45

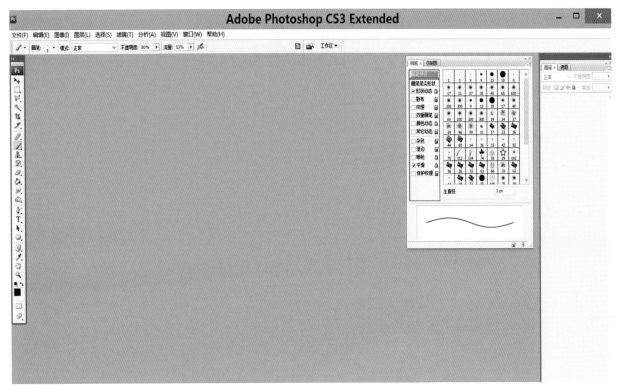

图 1–46

13. Painter 12 专业绘画软件

Painter 12 软件是 Corel 公司专门为渴望追求创意自由及需要数码工具进行仿真传统绘画的数码艺术家、插画家及动漫设计人员而开发的一款功能强大的绘画软件，是目前最完善的电脑手绘软件。该软件能通过数码手段再现各类传统绘画的效果，以其特有的仿天然绘画技术拥有独具特色的绘画工具，如水彩、油彩、马克笔、水墨笔、色粉笔等 30 个大类上百种形式多样的画笔，能手绘出各种类型的绘画效果，甚至能绘出特别具有立体感的镶嵌工艺效果。将该软件的绘画功能与绘画者的技巧相结合，能绘出特有的真实感和艺术效果，这也是其他软件远远无法与之相媲美的。

Painter 12 软件提供了强大的徒手绘画功能，只需绘画者掌握一定的艺术笔触、多种多样的特殊效果和纸张纹理等，即可绘出逼真的油画、水彩画、色粉画、国画、卡通画、装饰画等画作。它还具有特殊的克隆功能、简单的动画功能和马赛克功能，能将你的创意构思及视觉想象表现在电脑屏幕上，与传统绘画的感受完全不一样。

Painter 12 软件的启动界面如图 1-47 所示。

图 1-47

笔者考虑到电脑手绘的广泛性和典型性，只选择了 Photoshop CS3 软件和 Painter 12 软件作为重点介绍对象。虽然 CS3 版本不太高，但它比较形象、直观、简洁，桌面视觉效果比 CS6 的黑灰色效果要好，而且是免费的，适合更多的人群使用。而 CS6 虽然版本较高，但仅在图片处理等方面性能更强，"画笔"性能与 CS3 相比仅画笔数量略有增加，而且 CS3 在绘画过程中应用起来更加方便，只要学会使用 CS3 的基础手绘技能，便可举一反三运用到更高版本的软件中。

第二章　电脑手绘的应用技能

Photoshop、Painter 都是电脑手绘中高档次的绘画软件，具有较强代表性和强大的绘画功能。下面重点介绍笔者初学应用 Photoshop CS3 和 Painter 12 这两种软件中有关电脑手绘技能的基础知识。

绘画，首先要确定画什么类型的画、选择什么样的介质和幅面大小等。在 Photoshop CS3 软件中有"画布"的菜单（图 2-1），画之前可以先按需要选择相关项目和参数。在 Painter 12 软件中有专门的"纸纹"面板（图 2-2）和"纸纹材质库"（图 2-3），供绘画者选择不同肌理效果的纸张（画布）。

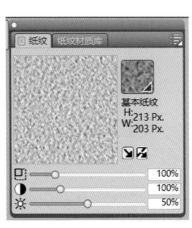

图 2-2

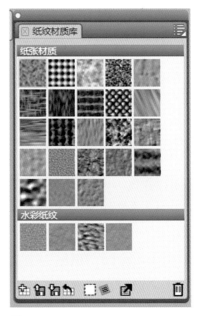

图 2-1

图 2-3

第一节　颜色的选择及应用

一、Photoshop CS3 软件的颜色选择及应用

1. 前景色与背景色

绘画中，前景色常用于绘画主体，而背景色常用于衬托主体的颜色。前景色在前，背景色在后，但由于画面的空间大、色彩层次多，因此二者只是相对的前后关系。前景色和背景色通过工具栏下方的"拾色器"选取，如图 2-4 所示。

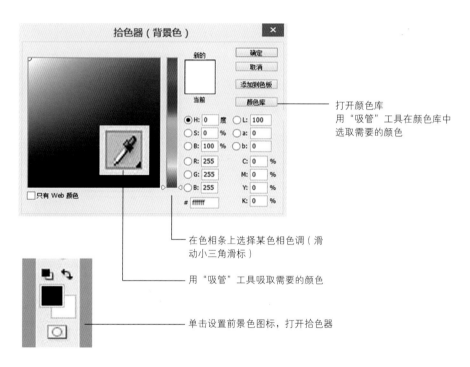

图 2-4

2. 色彩设置工具及应用

绘画离不开颜色，因此选择和设置颜色十分重要。绘画者常采用"吸管"工具吸取所需的颜色。吸取颜色之前，可先在拾色器的色相条上移动滑块，选择所需色相的颜色，拾色器方块中即呈现该色相的浓淡变化；然后直接用吸管点在所需颜色的位置，该色即反应在前景色的小方块上。也可通过色彩参数确定颜色，或单击色彩面板中的"颜色"（图 2-5）、"色板"（图 2-6），或选择拾色器中"颜色库"（图 2-7、图 2-8）的相关面板，用吸管点击所需颜色的色块，即反应在前景色的小方块上。

色彩面板中的"样式"是指上色图层的颜色样式（图 2-9）。单击界面右上角的小三角图标即出现"样式"菜单，可以选择里面的某种样式，激活该图层或某选区，双击所需的色彩样式的小方块，方便快速地改变某图层原来的色彩样式。关于"样式"菜单的功能应用将在第四章第二节中具体介绍。

单击右上角小三角图标，
即出现"颜色"菜单

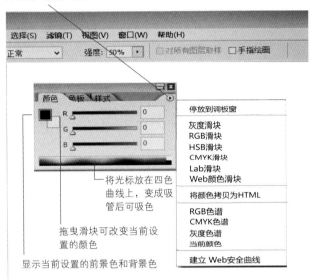

将光标放在四色
曲线上，变成吸
管后可吸色

拖曳滑块可改变当前设
置的颜色

显示当前设置的前景色和背景色

图 2-5

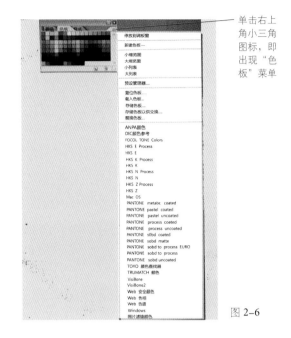

单击右上
角小三角
图标，即
出现"色
板"菜单

图 2-6

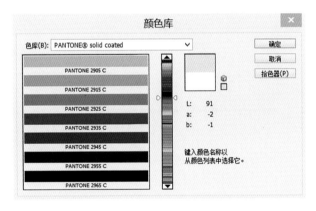

图 2-7

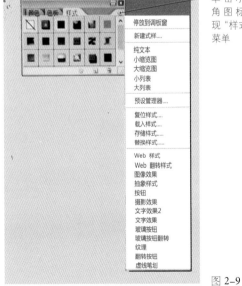

单击小三
角图标出
现"样式"
菜单

图 2-9

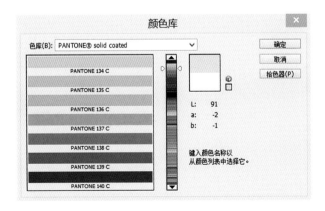

图 2-8

二、Painter 12 软件的颜色面板及应用

选择颜色前首先要确定是用"标准颜色板"还是"精简颜色板"。单击"颜色",在如图 2-10 所示的界面中,单击面板右上角的小三角图标。在弹出的菜单中,选 RGB 即为标准颜色板(隐藏色彩滚轮),选 HSV 即为精简颜色板(隐藏色彩信息),两者可互换。

其次,要确定主要色和次要色(相当于前景色和背景色)。Painter 12 软件中的"颜色"面板(图 2-11)由色相环和明度、纯度三角形组成,可以用光标移动上面的滑块。首先选择需要的色相,用光标(吸色器)在三角形内选择不同纯度和明度的颜色,选择后的颜色会出现在"颜色"面板左下角两个小圆形内,并显示主要色和次要色,两者可交换颜色。也可用 R,G,B 线上的滑块来确定颜色中红、绿、蓝的含量。

Painter 12 软件中的"混色器"面板(图 2-12)相当于传统绘画中的调色板,在界面上方的小方块中选择所需颜色,再用下面的 7 个小图标的功能,分别进行调色和吸取所需的颜色。"颜色集库"面板(图 2-13)相当于传统绘画中的颜色盒,将所需或常用的颜色储存起来,便于随时选取颜色。

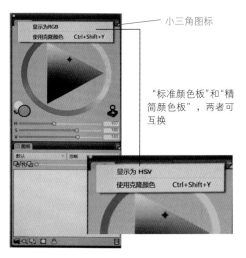

小三角图标

"标准颜色板"和"精简颜色板",两者可互换

图 2-10

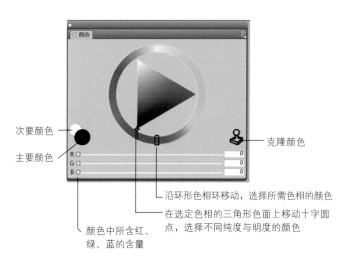

次要颜色

主要颜色

克隆颜色

沿环形色相环移动,选择所需色相的颜色

在选定色相的三角形色面上移动十字圆点,选择不同纯度与明度的颜色

颜色中所含红、绿、蓝的含量

图 2-11

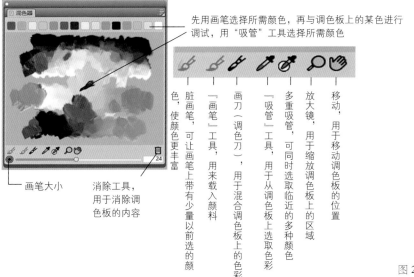

先用画笔选择所需颜色,再与调色板上的某色进行调试,用"吸管"工具选择所需颜色

画笔大小

消除工具,用于消除调色板的内容

脏画笔,可让画笔上带有少量以前选的颜色,使颜色更丰富

"画笔"工具,用来载入颜料

画刀(调色刀),用于混合调色板上的色彩

"吸管"工具,用于从调色板上选取色彩

多重吸管,可同时选取临近的多种颜色

放大镜,用于缩放调色板上的区域

移动,用于移动调色板的位置

图 2-12

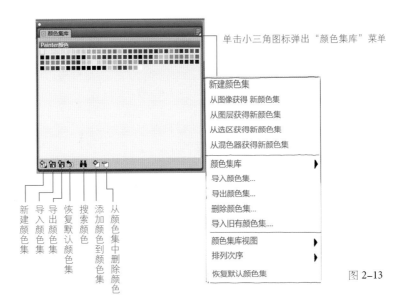

单击小三角图标弹出"颜色集库"菜单

新建颜色集
从图像获得 新颜色集
从图层获得新颜色集
从选区获得新颜色集
从混色器获得新颜色集
颜色集库
导入颜色集…
导出颜色集…
删除颜色集…
导入旧有颜色集…
颜色集库视图
排列次序
恢复默认颜色集

新建颜色集
导入颜色集
导出颜色集
恢复默认颜色集
搜索颜色
添加颜色到颜色集
从颜色集中删除颜色

图 2–13

第二节　画笔的选择及应用

一、Photoshop CS3 软件中画笔的选择及应用

1. 画笔预设面板

在 Photoshop CS3 软件的"预设画笔"面板中，单击"画笔"面板右侧小三角图标会出现选择框（或者通过"窗口 / 画笔预设 / 画笔预设选择框"设置）（图 2–14），在中部选择画笔、面板形式。图 2–15 为"纯文本"，图 2–16 为"小缩览图"，图 2–17 为"大缩览图"，图 2–18 为"小列表"，图 2–19 为"大列表"，图 2–20 为"描边缩览图"，其中"小缩览图"和"描边缩览图"的笔尖形式和笔形最常用，直观形象。由图可见，画笔线条是由不同大小和断面形状的图形沿导线移动而形成的，选择不同形状的笔尖即可画出不同形状的线条。

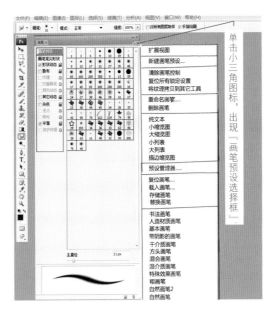

图 2–14

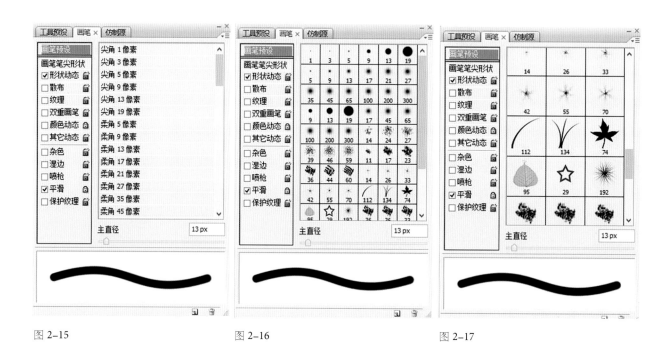

图 2-15　　　　　　　　　　　　图 2-16　　　　　　　　　　　　图 2-17

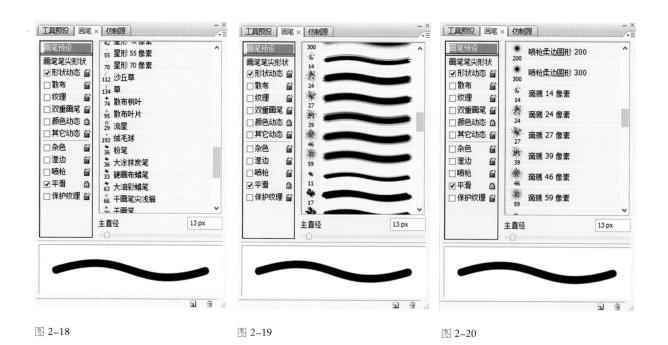

图 2-18　　　　　　　　　　　　图 2-19　　　　　　　　　　　　图 2-20

如图 2-21 所示，在 Photoshop CS6 软件中单击右侧小三角图标同样会出现"画笔预设选择框"，在框内即可选择如下几种画笔：

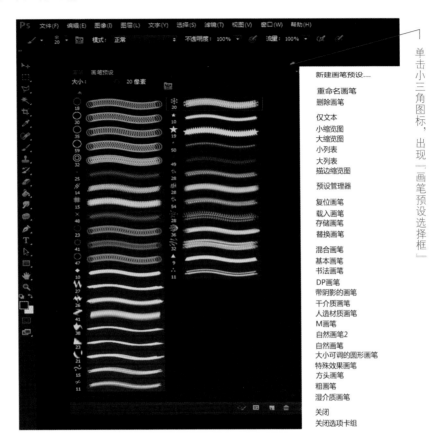

图 2-21

① "基本画笔"（图 2-22）

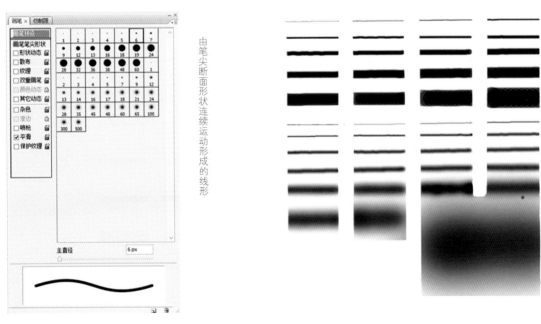

图 2-22

② "混合画笔"（图 2-23）

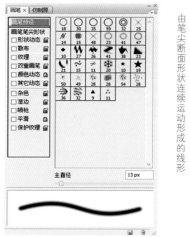

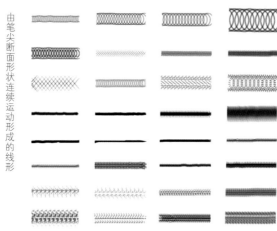

由笔尖断面形状连续运动形成的线形

图 2-23

③ "带阴影画笔"（图 2-24）

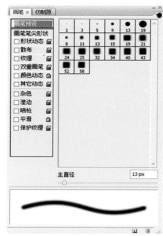

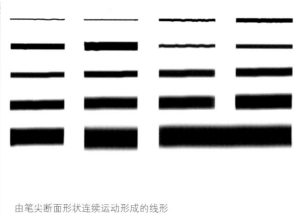

由笔尖断面形状连续运动形成的线形

图 2-24

④ "方头画笔"（图 2-25）

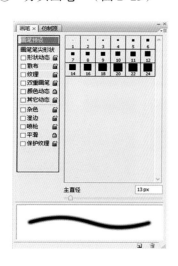

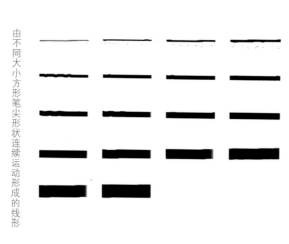

由不同大小方形笔尖形状连续运动形成的线形

图 2-25

⑤ "干介质画笔"（图 2-26）

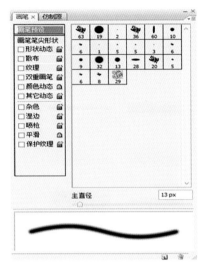
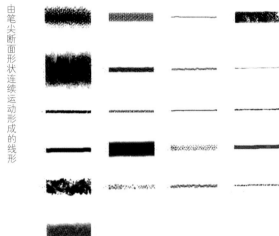

由笔尖断面形状连续运动形成的线形

图 2-26

⑥ "特殊效果画笔"（图 2-27）

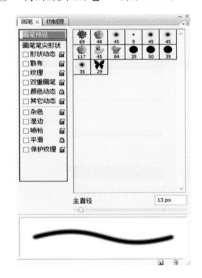
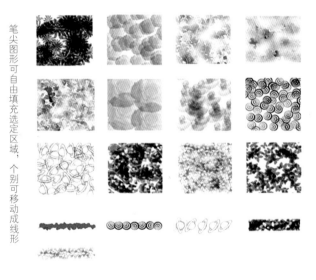

笔尖图形可自由填充选定区域，个别可移动成线形

图 2-27

⑦ "自然画笔"（图 2-28、图 2-29）

由笔尖断面形状连续运动形成的线形

图 2-28

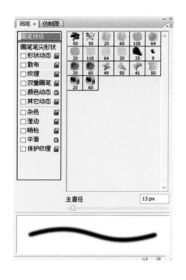

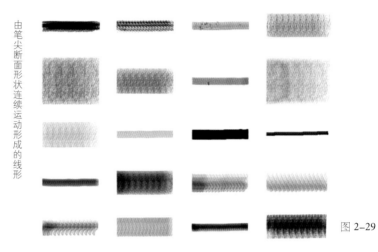

由笔尖断面形状连续运动形成的线形

图 2-29

⑧ "书法画笔"（图 2-30）

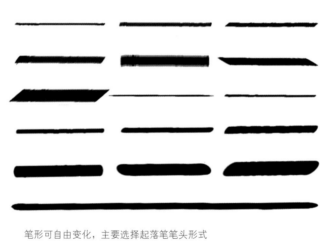

笔形可自由变化，主要选择起落笔笔头形式

图 2-30

⑨ "粗画笔"（图 2-31）

由笔尖断面形状连续运动形成的线形

图 2-31

⑩ "人造材质画笔"（图2-32）

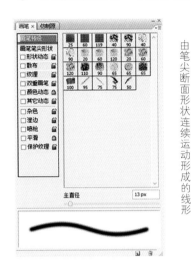

由笔尖断面形状连续运动形成的线形

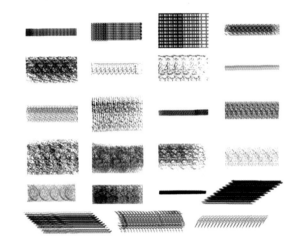

图2-32

⑪ "湿介质画笔"（图2-33）

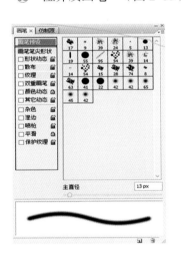

由笔尖断面形状连续运动形成的线形

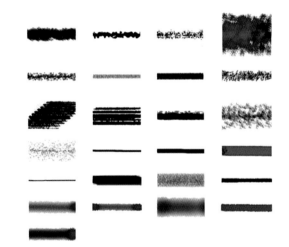

图2-33

2. 默认基本画笔的笔尖种类

图形为笔尖断面形状，数字为基本直径（可调），红色英文字母为该类型的代号（见说明）　图2-34

不同的字母代表不同的笔尖类型（图 2-34）：A—尖角，B—柔角，C—滴溅，D—粉笔，E—星形，F—沙丘草，G—草，H—散布枫叶，J—流星，K—绒毛球，L—大涂抹炭笔，M—硬画布蜡笔，N—大油画蜡笔，O—干画笔尖浅描，P—干画笔，Q—平头湿水彩笔，R—柔边椭圆，S—干边深描油彩笔，T—半湿描边油彩笔，U—粗边圆形钢笔，V—Sampled Tip，W—实边椭圆，X—柔边椭圆。

上述画笔笔尖形状为软件"默认"的笔尖形状，如果进行画笔添加或删除操作后，执行画笔下拉菜单中的"复位画笔"，即可将画笔恢复到默认的画笔状态。

3.画笔笔尖形状的变化及参数选项

电脑手绘中许多笔形是以笔尖断面图形为基础，按照笔的运动轨迹而形成的线条。以图 2-35—图 2-37 中的"五角星"为例（分别改变它的直径和间距），可以明显看出，断面的包含直径越大，笔画就越粗。断面间距越大，断面重叠的部分越少，可形成连串的单个图形；而断面间距越小，断面重叠的部分越多，就会形成连续的线条。

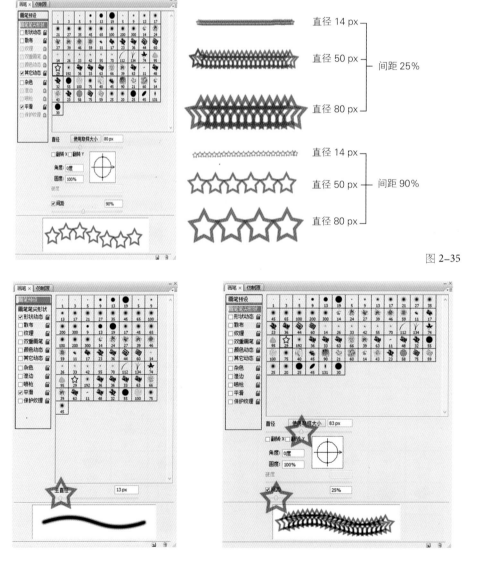

图 2-35

图 2-36   图 2-37

再以图 2-38—图 2-40 为例。选择"134"草形的笔尖，调整其直径、角度、圆度、间距、翻转 X/ 翻转 Y，可出现不同状态的草束效果。

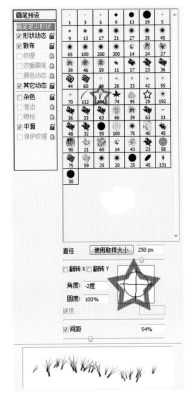

选择笔尖为草形 134

图 2-38

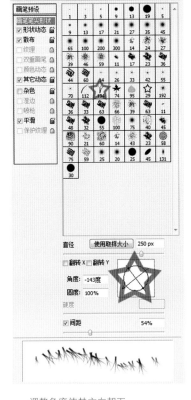

调整角度使其方向朝下

图 2-39

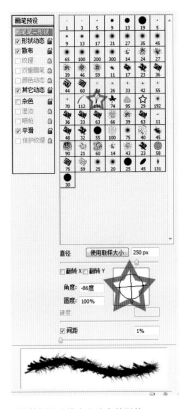

调整间距（缩小）改变其形状

图 2-40

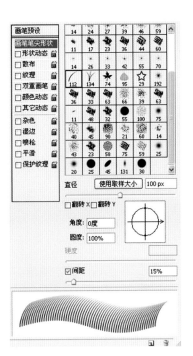

图 2-41

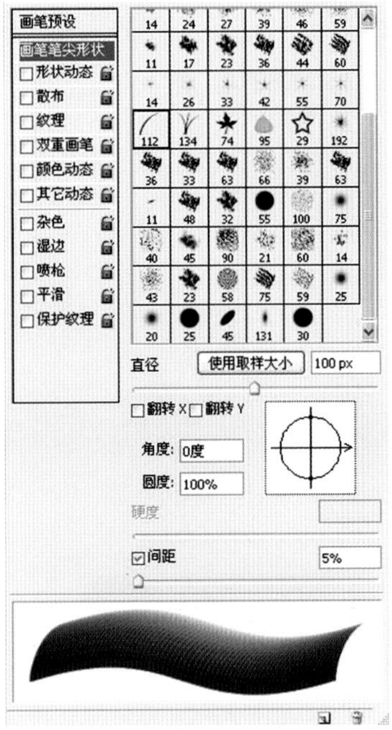

图 2-42

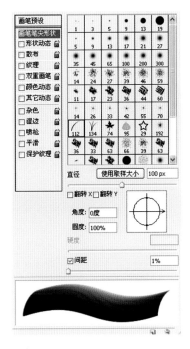

图 2-43

选择不同的间距可形成不同的线条形式。如选择"112"草形的笔尖，图 2-41 间距为 15%、图 2-42 间距为 5%、图 2-43 间距为 1%。可见，间距越小，笔尖断面形状的重叠越密，就会形成浓厚的线形。

如果设定的笔尖参数不变，勾画选择框左侧所列的"画笔笔尖形状"栏下的不同选项，也会产生不同的线形状态。图 2-44 为草束笔不同状态下产生的不同变化。

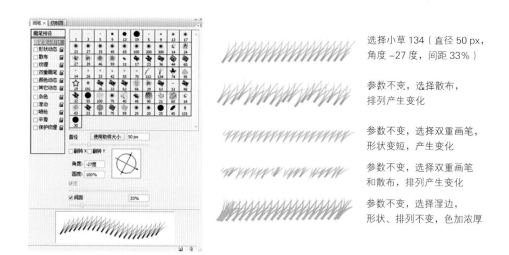

选择小草 134（直径 50 px，角度 -27 度，间距 33%）

参数不变，选择散布，排列产生变化

参数不变，选择双重画笔，形状变短，产生变化

参数不变，选择双重画笔和散布，排列产生变化

参数不变，选择湿边，形状、排列不变，色加浓厚

图 2-44

用笔尖状态进行调整的主要选择项目（包括相关调整项目）有以下几种。

"形状动态"（图 2-45）。决定描边中画笔的笔迹变化，使画笔的大小、圆度等产生随机变化的效果。其中"大小抖动"表示笔迹的改变方式，数值越大，笔形轮廓越不规则。在"控制"框中有多项选择，如选择"渐隐"会使笔形产生逐渐淡出的效果。

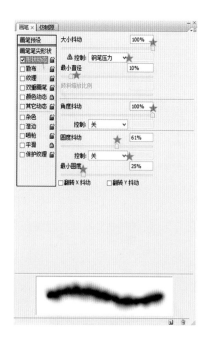

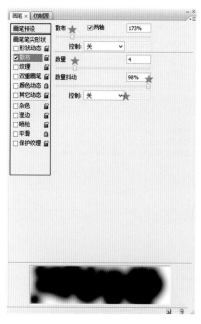

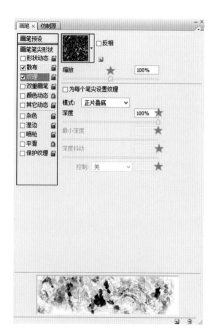

图 2-45

图 2-46

图 2-47

"散布"（图 2-46）。可以确定描边中笔迹的位置，使画笔笔迹沿绘制的线条扩散，该值越高，分散的范围越大。其中"数量"是指每个间距应有的笔迹数量，该值越高，笔迹重复的数量越大。"数量抖动"是指笔迹数量如何针对各种间距产生变化及其百分比。

"纹理"（图 2-47）。利用图案使描边看起来像在带有纹理的画布上绘制出来的一样。

"双重画笔"（图 2-48）。通过组合两个笔尖来实现画笔笔迹。首先要设置主画笔，再确定其他相关参数。

"颜色动态"（图 2-49）。能使画笔线条的色相、饱和度和明度产生变化。通过设置选项来改变描边路线中的颜色变化方式。各项的"抖动"控制是指其变化程度，可从"控制"下拉列表中选择。

"其他动态"（图 2-50）。包括以下几项：

· "杂色"，为个别画笔笔尖增加额外的随机性。

· "湿边"，沿画笔描边的边缘增加水分含量，从而产生水彩效果。

· "喷枪"，应用渐变色调，模拟喷笔效果。

· "平滑"，在描边笔中生成平滑的曲线。

· "保护纹理"，使用多个纹理画笔时，可模拟出一致的画布效果。

如图 2-51 为一种喷笔在"其他动态"无可选状态时的笔态。当选择"湿边"时，笔形周边有增大的现象，且有浸润感（图 2-52），而选择其他几项则无明显的变化（图 2-53—图 2-55）。

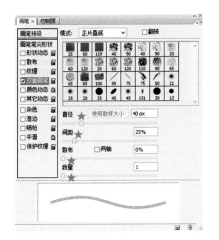

图 2-48

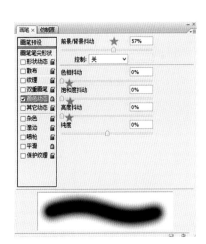

图 2-49

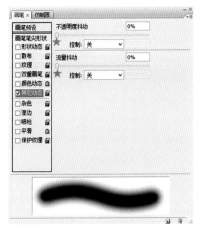

图 2-50

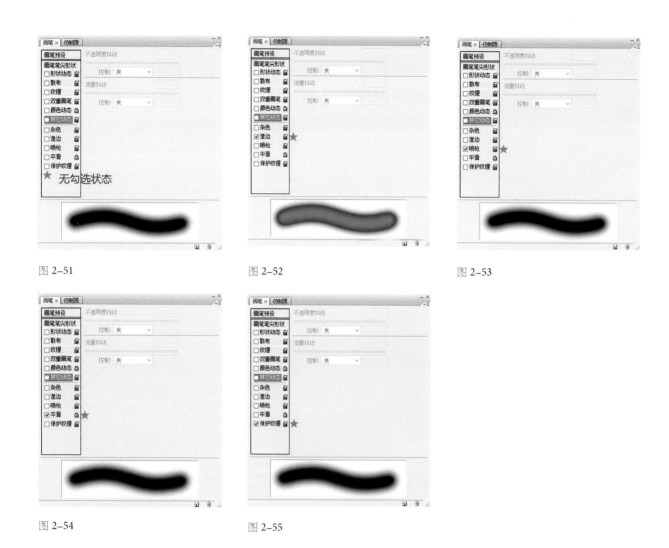

图 2-51   图 2-52   图 2-53

图 2-54   图 2-55

又如图 2-56 为喷笔在无勾选状态时的笔态。选择"形状动态"后，原笔迹形状变得随意起来（图 2-57）。后来又加上了"散布"（图 2-58），笔迹随之扩大，形状也有了变化。但如果按图 2-59—图 2-62 所示勾选余下几项，则变化不明显。

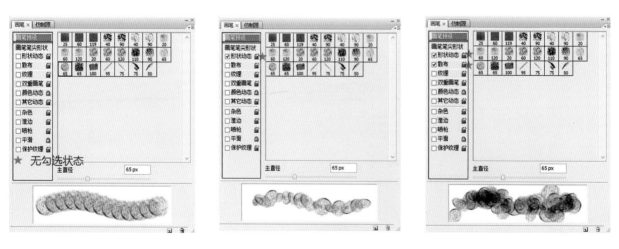

图 2-56   图 2-57   图 2-58

图 2-59

图 2-60

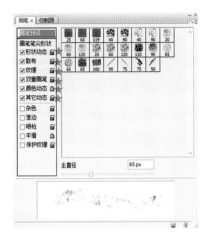

图 2-61

图 2-62

　　除上述画笔参数选择外，不同的画笔还有其他的参数选择，主要有以下几种：

　　"直径"。画笔的大小（像素值）。

　　"间距"。画笔断面间的距离大小，越小越密集，越大越稀疏。

　　"硬度"。控制画笔中心硬度的大小，值越小，笔的柔和度越高（越柔软）。

　　"翻转 X/Y"。将画笔笔尖在 X 轴或 Y 轴进行翻转。

　　"圆度"。圆形笔的正圆度大小，圆度越大越接近正圆；否则，为不同程度的椭圆。

　　"不透明度"。设置画笔绘制颜色的不透明度，数值越大，笔迹的不透明度越高；反之，则透明度越高。

　　"流量"。设置当光标移到某个区域上方时应用颜色的速率。

　　"模式"。设置绘画颜色与现有像素的混合方法。

　　"喷枪钮"。激活该按钮可以启用"喷枪"功能。

　　在具体的绘画过程中，要根据画面效果的要求选择画笔参数，有时在选好笔形以后还要随时进行变化调整。画笔的主要参数有直径大小、模式、不透明度、流量和是否选择喷枪方式（图 2-63—图 2-65）。

图 2-63

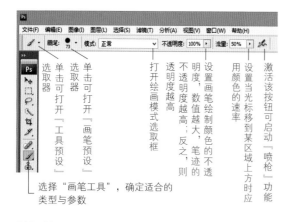

图 2-64

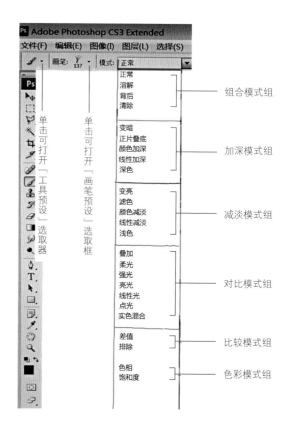

图 2-65

二、Painter 12 软件中画笔的选择及应用

1. 画笔的类型及特点

Painter 12 软件中约有 30 种画笔（不同版本略有差别），每种画笔下又各有不同数目的多种笔形，可谓种类繁多、五花八门。多样化的笔形能适应不同的绘画需要，而且每种笔形下又有不同的绘画方式（自由、直线、沿路径）、笔触大小、笔色透明度、笔色颗粒、笔色的黏性、笔色与纸张的调和（混合）度和笔色的湿润度等。不同类型的画笔有不同的调整参数。图 2-66 为主菜单中的"画笔工具"选择项目。

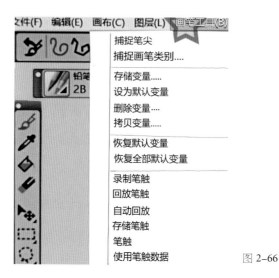

图 2-66

2. 各类画笔的笔形表现效果

①铅笔（图 2-67）

图 2-68、图 2-69 为各种"铅笔"的笔形。

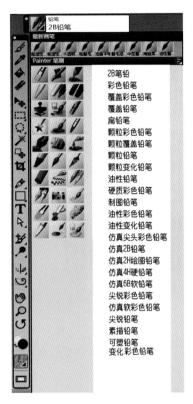

图 2-67

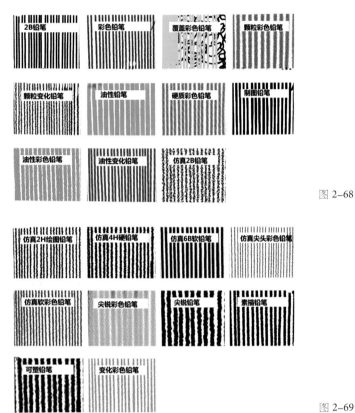

图 2-68

图 2-69

②粉笔和蜡笔（图 2-70）

图 2-71、图 2-72 为各种"粉笔和蜡笔"的笔形。

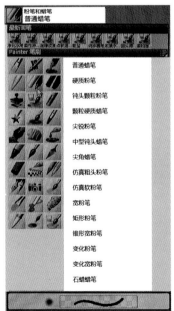

图 2-70

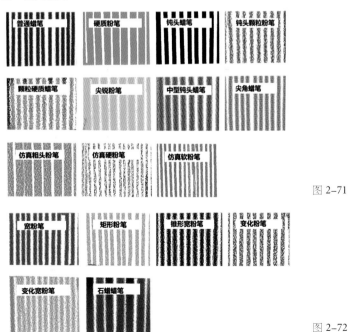

图 2-71

图 2-72

③炭笔和孔特粉笔（图 2-73）

图 2-74、图 2-75 为各种"炭笔和孔特粉笔"的笔形。

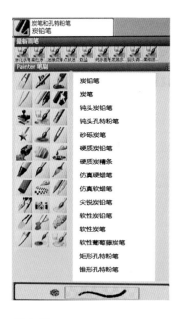

图 2-73

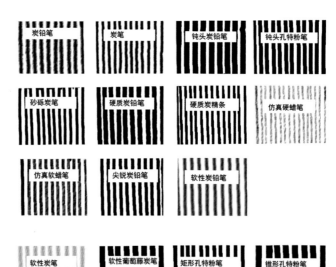

图 2-74

图 2-75

④色粉笔（图 2-76）

图 2-77、图 2-78 为各种"色粉笔"的笔形。

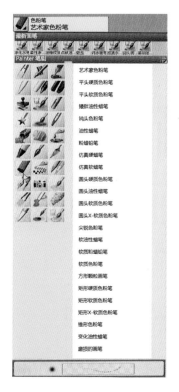

图 2-76

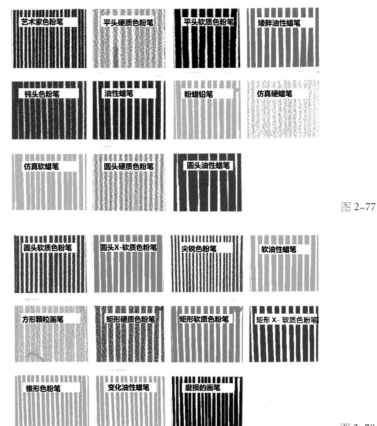

图 2-77

图 2-78

⑤ 钢笔（图 2-79）

图 2-80—图 2-82 为各种"钢笔"的笔形。

图 2-79

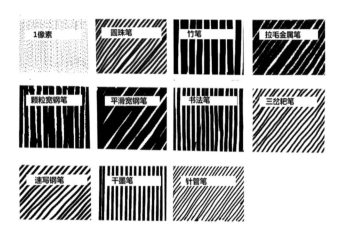

图 2-80

图 2-81

图 2-82

⑥马克笔（图 2-83）

图 2-84、图 2-85 为各种"马克笔"的笔形。

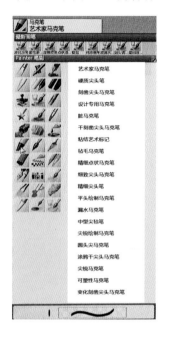

图 2-83

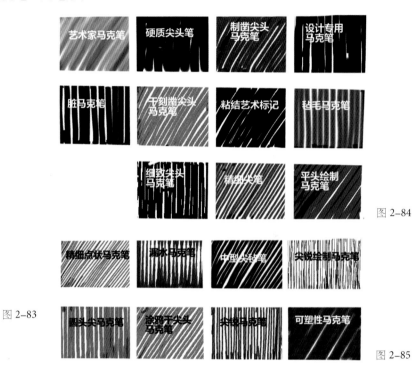

图 2-84

图 2-85

⑦水彩（图 2-86）

图 2-87—图 2-91 为各种"水彩"的笔形。

图 2-86

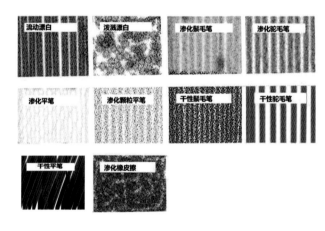

图 2-87

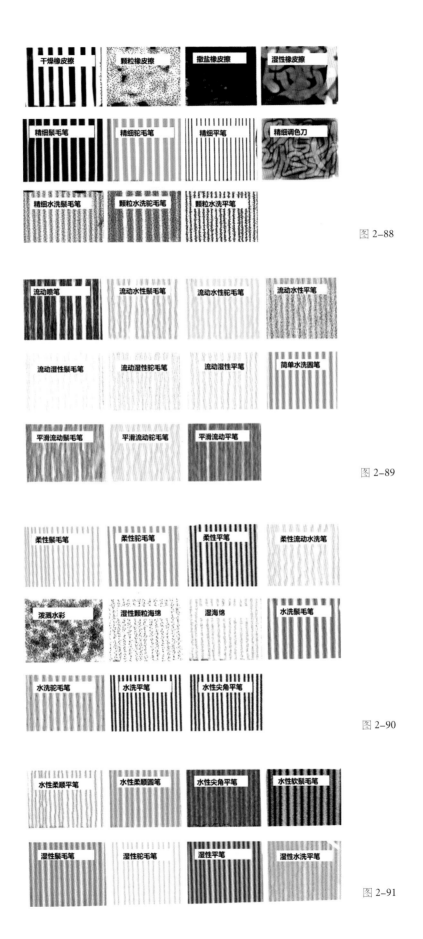

图 2-88

图 2-89

图 2-90

图 2-91

⑧数码水彩（图 2-92）

图 2-93、图 2-94 为各种"数码水彩"的笔形。

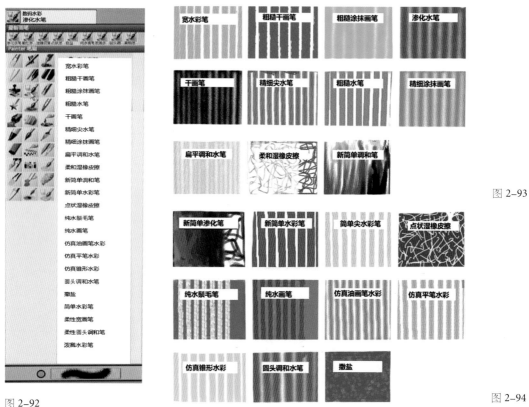

图 2-92

图 2-93

图 2-94

⑨仿真水彩（图 2-95）

图 2-96、图 2-97 为各种"仿真水彩"的笔形。

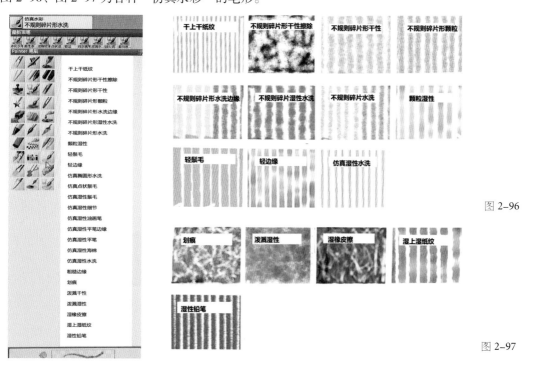

图 2-95

图 2-96

图 2-97

⑩水墨笔（图 2-98）

图 2-99、图 2-100 为各种"水墨笔"的笔形。

图 2-98

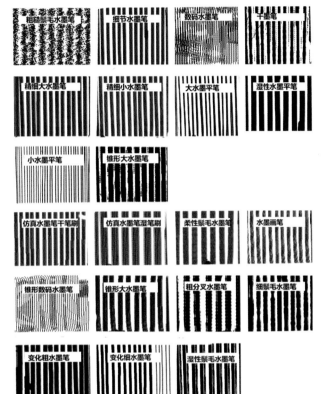

图 2-99

图 2-100

⑪液态墨水（图 2-101）

图 2-102、图 2-103 为各种"液态墨水"的笔形。

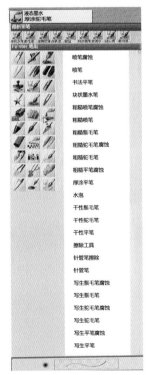

图 2-101

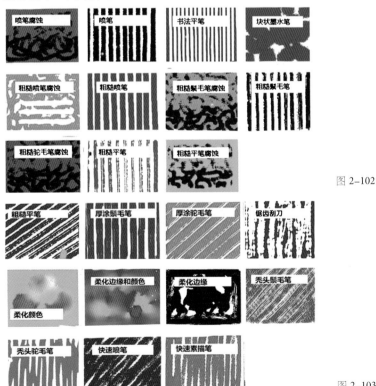

图 2-102

图 2-103

⑫着色笔（图 2-104）

图 2-105、图 2-106 为各种"着色笔"的笔形。

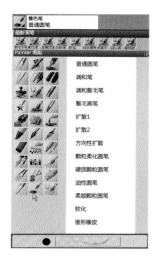

图 2-104

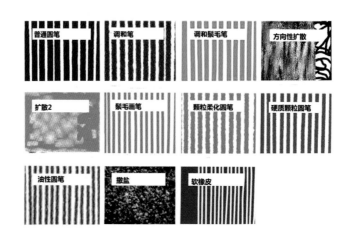

图 2-105

图 2-106

⑬水粉笔（图 2-107）

图 2-108 为各种"水粉笔"的笔形。

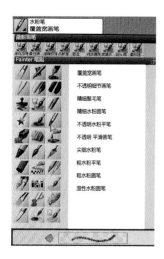

图 2-107

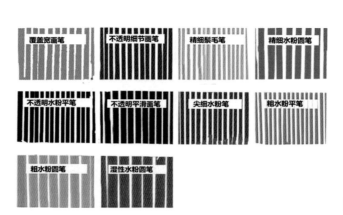

图 2-108

⑭喷笔（图 2-109）

图 2-110、图 2-111 为各种"喷笔"的笔形。

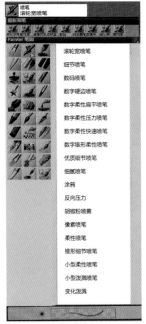

图 2-109

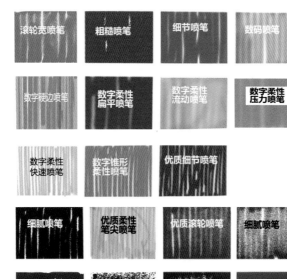

图 2-110

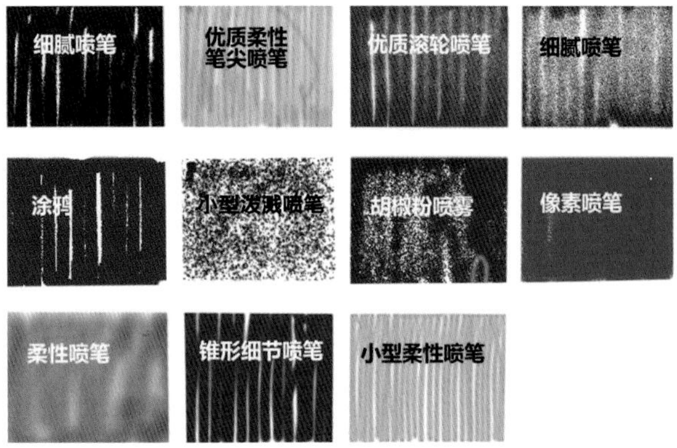

图 2-111

⑮调和笔（图 2-112）

图 2-113、图 2-114 为各种"调和笔"的笔形。

图 2-112

图 2-113

图 2-114

⑯智能笔触（图 2-115）

图 2-116、图 2-117 为各种"智能笔触"笔的笔形。

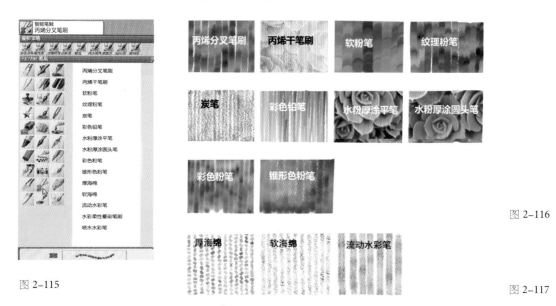

图 2-115

图 2-116

图 2-117

⑰油画笔（图 2-118）

图 2-119—图 2-122 为各种"油画笔"的笔形。

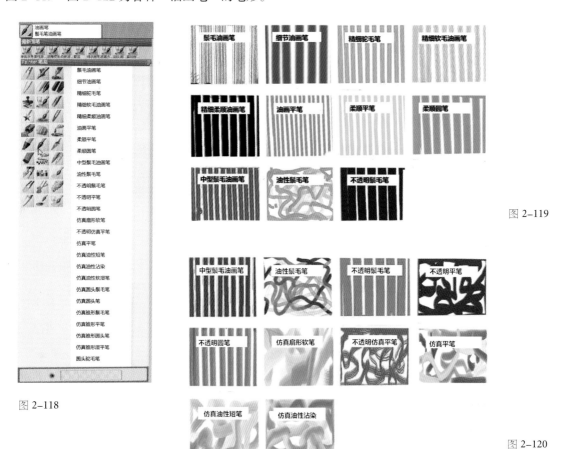

图 2-118

图 2-119

图 2-120

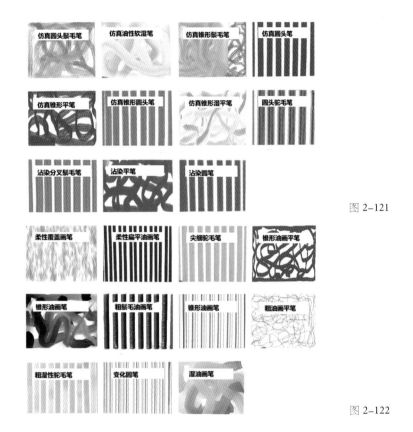

图 2-121

图 2-122

⑱丙烯画笔（图 2-123）

图 2-124、图 2-125 为各种"丙烯画笔"的笔形。

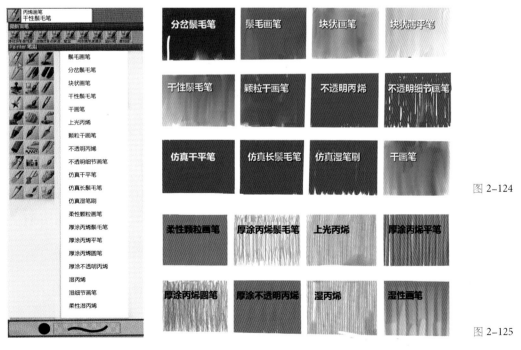

图 2-123

图 2-124

图 2-125

⑲胶合（图 2-126）

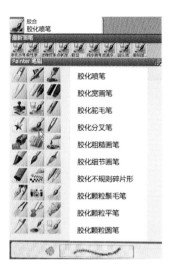

图 2-126

⑳仿真湿油（图 2-127）

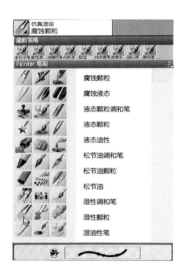

图 2-127

㉑厚涂（图 2-128）

图 2-129—图 132 为各种"厚涂"的笔形。

图 2-128

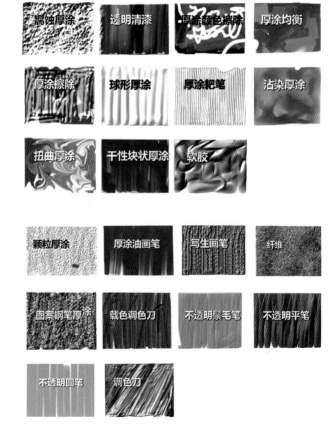

图 2-129

图 2-130

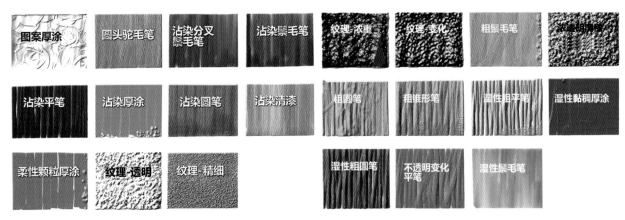

图 2-131　　　　　　　　　　　　　　　图 2-132

㉒调色刀（图 2-133）

图 2-134 为各种"调色刀"的笔形。

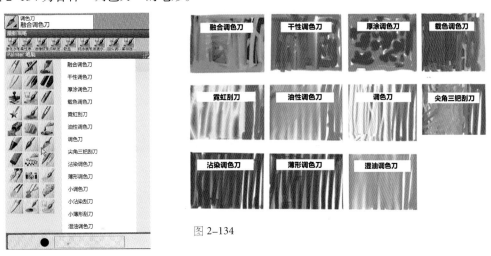

图 2-133

图 2-134

㉓艺术家画笔（图 2-135）

图 2-136 为各种"艺术家画笔"的笔形。

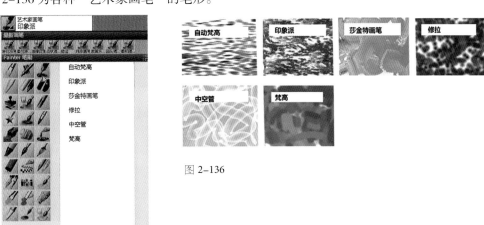

图 2-136

图 2-135

55

㉔特效笔（图 2-137）

图 2-138、图 2-139 为各种"特效笔"的笔形。

图 2-137

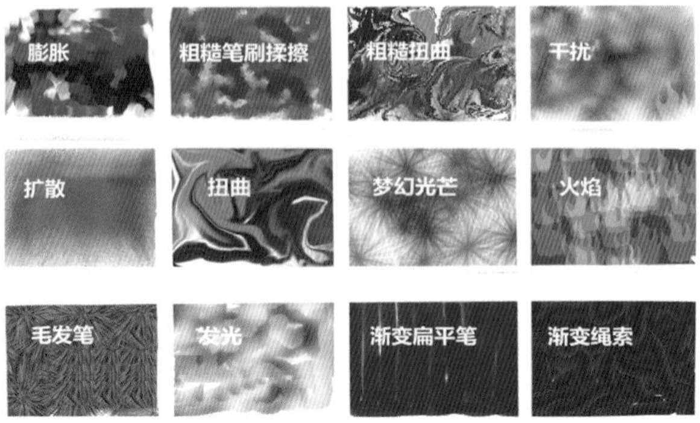

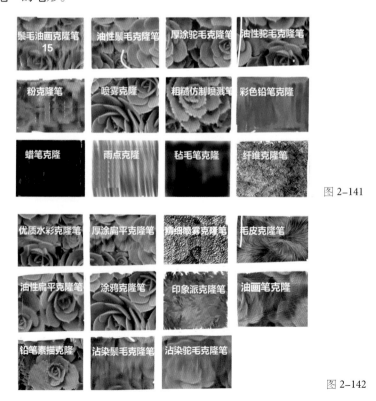

图 2-138

图 2-139

㉕克隆笔（图 2-140）

图 2-141—图 2-144 为各种"克隆笔"的笔形。

图 2-140

图 2-141

图 2-142

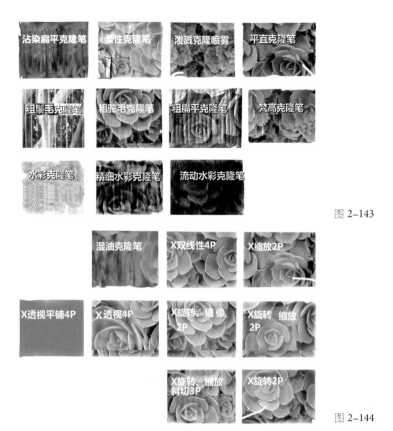

图 2-143

图 2-144

㉖图像喷管（图 2-145）

图 2-146、图 2-147 为各种"图像喷管"笔的笔形。

图 2-145

图 2-146

图 2-147

㉗图案画笔（图 2-148）

图 2-149 为各种"图案画笔"的笔形。

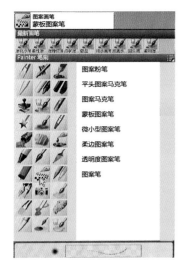

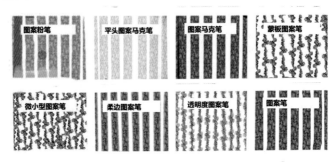

图 2-149

图 2-148

㉘橡皮（图 2-150）

图 2-151、图 2-152 为各种"橡皮"的笔形。

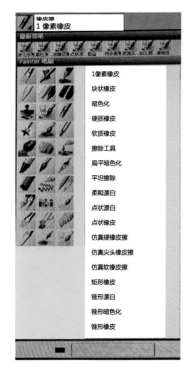

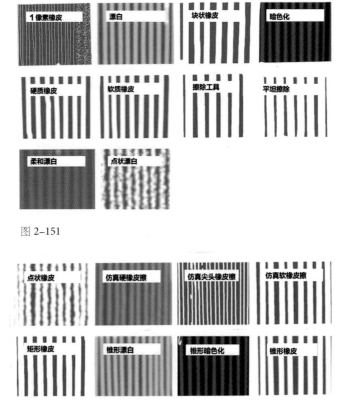

图 2-151

图 2-150

图 2-152

㉙海绵（图2-153）

图2-154为各种"海绵"的修饰效果。

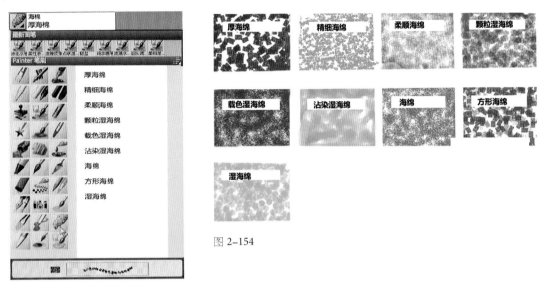

图2-154

图2-153

㉚照片（图2-155）

图2-156为各种"照片"的修饰效果。

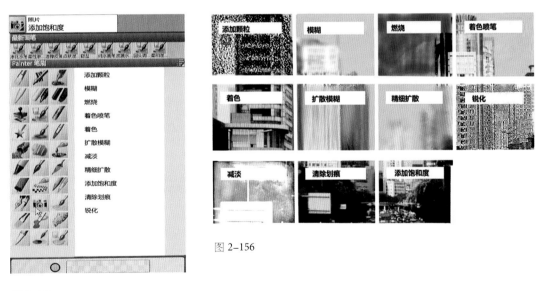

图2-156

图2-155

3. 画笔参数的调整

在Painter 12软件中，画笔参数的调整控制与Photoshop CS3软件不同，它是通过各类调整面板来进行的，具体方法是通过主菜单中的"画笔控制"来调整，选择"窗口/画笔控制面板"，出现选项子菜单。下面分别介绍各个面板的功能。

① "常规"面板（图 2-157）

笔尖类型：包括图形、单个像素、静态鬃毛、捕捉、擦除工具、驼毛、扁平、调色刀、鬃毛喷雾、喷笔、像素喷笔、线性喷笔、投影、渲染、液态墨水驼毛笔、液态墨水平笔、液态墨水调色刀、液态墨水鬃毛喷雾、液态墨水喷笔、水彩驼毛笔、水彩平笔、水彩调色刀、水彩鬃毛喷雾、水彩喷笔、调和驼毛、调和平头、艺术家油画笔和计算机的圆形。

笔触类型：包括简单、多重笔触、排管和软管。

方式：包括叠加、覆盖、擦除工具、流动、蒙板（覆盖）、克隆、湿性、数码湿画、马克笔和插件。

附加方式：不同的子类型方式。

源：不同的色彩媒介。

不透明度：笔触的不透明程度。

表达式：改变画笔变量的表现方式，包括无、速率、方向、压力、滚轮、倾斜、停顿、旋转、来源和随机。

方向：使颜色随运笔方向而产生变化。

颗粒：控制颜色渗入画纸纹理的深度。

图 2-157

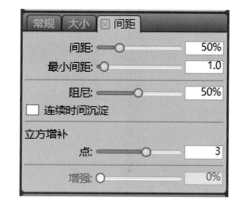

图 2-158

② "间距"面板（图 2-158）

间距：调节画笔断面之间的距离。

最小间距：调整笔尖间的最小距离。滑块向左移动得到连续的笔触，反之为不连续笔触。

阻尼：调整画笔的平滑度，数值越大越平滑，反之则越粗糙。

③ "大小"面板（图 2-159）

大小：控制画笔变量的大小。

最小尺寸：调整笔触最细时与最粗时的百分比，百分比越大，画笔的粗细变化越微弱。

大小间距：设定从笔尖到外缘之间粗细变化的速度。滑块向左移动笔触变得平滑，反之则变成不连续效果。

④ "笔尖剖面图" 面板（图 2-160）

该面板主要是预览改变笔尖设置后的笔尖形状变化。

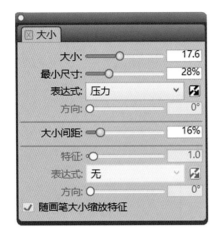

图 2-159

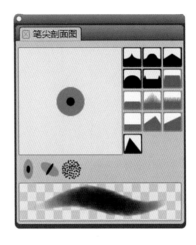

图 2-160

⑤ "角度" 面板 （图 2-161）

挤压：调整画笔的曲度，使笔尖在圆和椭圆之间变化。

角度：用扁平笔尖时，调整笔尖倾斜角度。

表达方式：改变当前选择画笔的表现方式。下拉菜单中有无、速率、方向、压力、滚轮、倾斜、停顿、旋转、来源和随机。

角度范围：数值越大，角度变化的范围越大。

角度步骤：控制不同角度笔触之间的间距，数值越大，间隔越大。

图 2-161

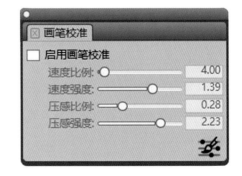

图 2-162

⑥ "画笔校准" 面板 （图 2-162）

该面板主要是对画笔的速度比例、速度强度、压感比例、压感强度进行调整。

对类型比较特别的画笔和参数还有专门的调整面板来进行参数选择，主要有以下种类：

① "仿真湿油" 面板（图 2-163）

该面板主要是对画笔工具液态流、绘画、画布和风进行调整。

② "仿真水彩" 面板（图 2-164）

该面板主要是对画笔工具、水彩、颜料、纸纹和风进行调整。

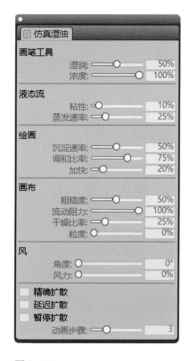

图 2-163

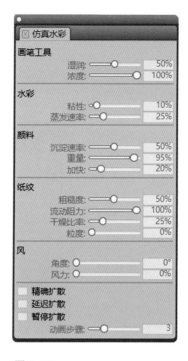

图 2-164

图 2-165

③ "液态墨水"面板（图 2-165）

该面板主要是对液态墨水的相关参数进行调整。

④ "静态鬃毛"面板（图 2-166）

该面板主要是对画笔的厚度、块状、毛发比例和缩放 / 大小进行调整。

⑤ "喷笔"面板（图 2-167）

该面板主要是对画笔的下列参数进行调整。

扩散：控制喷笔的扩散程度。数值越大，扩散范围越大；反之则越小。

最小扩散：控制扩散最小时的百分比，当数值较大时会造成电脑运行速度缓慢。

流量：控制喷色的量。数值越大，喷色越多；反之则越少。

最小流量：控制喷射量最小时喷射颜色数值的百分比。

⑥ "图像喷管"面板（图 2-168）

对图像喷管的排列方式进行调整，其中有 3 个等级，对其影响逐渐递减。下拉菜单中有无、速度、方向、压力、滚轮、倾斜、停顿、旋转、来源、随机和连续等排列方式。

图 2-166

图 2-167

图 2-168

⑦"数码水彩"面板（图2-169）

扩散：控制色彩的扩散程度。数值越大，扩散范围越大。

湿性边缘：控制笔触边缘的湿性程度。百分比越小，湿润的效果越明显。

⑧"水彩"面板（图2-170）

湿润：控制画笔的湿度。湿度越大，画笔颜色越淡，但颜色会在更大区域范围膨胀。

加快：控制相近或相交错笔触颜色的相互融合。数值越大，笔触间色彩的融合效果越明显。

干燥比率：控制纸张的吸水程度。数值越大，吸水性越强。

挥发：控制水彩在纸上的扩散程度。数值越大，扩散范围越大。

毛状系数：控制水彩受纸张纹理影响的程度。数值越大，影响越明显。

颗粒渗入：画笔浸泡程度直接影响颜色的颗粒分布。浸泡值越大，颗粒化越明显。

精确扩散：勾选此项可使笔触感更细腻。

流淌力度：数值越大，色彩的方向性越强。

⑨"艺术家油画笔"面板（图2-171）

量：控制画笔中包含色彩的量。数值越大，颜色由深到浅的变化越快。当数值为"0"时，笔中无色。

粘性：调整飞白的效果。数值越大，飞白的效果越明显。

调和：调整笔触之间颜色的混合程度。数值越大，相互混合效果越明显。

鬃毛：调整画笔变量的鬃毛效果。数值越大，鬃毛越柔和。

块状：调整笔毛的痕迹效果。数值越大，笔毛的痕迹越模糊。

逐渐消失：调整画笔的浓淡程度。数值越大，浓淡变化越明显。当数值为"0"时，画笔只有粗细变化，无浓淡变化。

湿润：调整画笔的湿润程度。数值越大，越湿润。

图2-169

图2-170

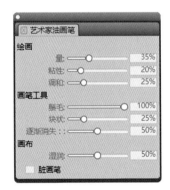

图2-171

⑩"仿真鬃毛"面板（图2-172）

该面板主要调整仿真鬃毛笔的相关参数。

⑪"硬媒材"面板（图2-173）

该面板主要调整画笔的挤压值和转换范围。

⑫"排笔"面板（图2-174）

通常情况下，该面板不能用。只有在"常规"面板中将"笔触类型"选择为"排笔"时才可使用。

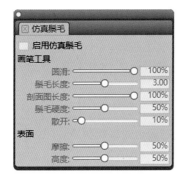

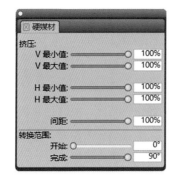

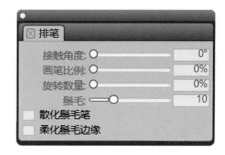

图 2-172   图 2-173   图 2-174

画笔比例：控制分岔笔尖之间的距离。数值越大，排笔笔尖之间的距离越大；反之则越小。

旋转数量：控制分岔画笔旋转时的变化幅度。

鬃毛：控制组成排笔的笔尖数量。数值越大，笔尖越多；反之则越少。

散化鬃毛笔：选择此项后，如在使用压感笔时施压，笔触会产生明显的轻重变化。

柔化鬃毛边缘：选择此项后，排笔的笔触边缘较为柔和，如同颜色在纸上晕开的效果。

⑬ "颜色变化" 面板（图 2-175）

该面板主要是对颜色属性进行调整，可在下拉菜单中选择相关属性。

⑭ "颜色表达方式" 面板（图 2-176）

无：不调整颜色表达方式。

速率：根据拖动速度调整颜色表达方式。

方向：根据笔触方向调整颜色表达方式。

压力：根据画笔压力调整颜色表达方式。

滚轮：根据喷枪画笔上的滚轮设置调整颜色表达方式。

倾斜：根据绘图板与画笔的角度调整颜色表达方式。

停顿：根据画笔所指的方向调整颜色表达方式。

旋转：根据画笔的旋转调整颜色表达方式。

来源：根据克隆源的亮度调整颜色的表达方式。

随机：随机调整颜色的表达方式。

⑮ "克隆" 面板（图 2-177）

克隆颜色：选该项可使任何画笔具有克隆功能。

图 2-175   图 2-176   图 2-177

克隆类型：打开下拉菜单，有正常（0）、偏移（1）、旋转与缩放（2）、缩放（2）、旋转（2）、旋转与镜像（2）、旋转、缩放、斜切（3）、双线性（4）、透视（4）等。

遵从来源选区：选该项可使克隆结果遵从源图像的选择区域，克隆画笔的作用范围会限制在源图像的选择范围内。

拷贝来源选区：选该项可复制源图像选择范围内的图像。

4点贴砖：选该项只在使用"双线性"和"透视"两种克隆类型时才会出现。选择该项后，允许在目标文件的克隆区域比较大时，重复克隆图像并将它们拼接起来。

⑯"涌出"面板（图2-178）

该面板可对画笔笔尖所含颜料的量进行调整，并控制颜料分配到画布上的程度。

重新饱和：数值较大时，笔触所含颜料较多，绘出的线条颜色较深，颜色之间不会产生相互影响；反之，颜色较浅。

表达式：用来控制颜料与纸张的混合程度。

渗出：控制画笔的含水量。数值越大，含水量越多；反之则越少，形成"枯笔"效果。"渗出"需和"表达式"一起使用，只有当"表达式"大于"0"时才可以调整"渗出"，通过"表达式"的数值可以看到"渗出"的不同效果。

⑰"抖动"面板（图2-179）

抖动：对笔尖抖动状态进行调整。滑块向左移动可减少笔触路径的误差，反之则增加误差。

表达式：可以选择不同的风格。下拉菜单中有速率、方向、压力、滚轮、倾斜、停顿、旋转、来源和随机。

⑱"厚涂"面板（图2-180）

绘画到：在下拉菜单中选择画笔的表现方式。打开下拉菜单，有颜色（只有颜色，无厚涂效果）、深度（只有厚涂效果，无颜色）、颜色和深度（既有颜色，又有厚涂效果）。

深度方式：在下拉菜单中选择厚涂方式，有相同（厚涂均匀，无纹理效果）、擦除工具（擦除不必要的厚涂）、纸纹（参考纸张的纹理进行厚涂）、原始亮度（使用克隆图像作为参考进行厚涂）、织物亮度（使用织物作为参考进行厚涂）。

熟悉画笔参数的调整方式，便于绘画者在不同类型的绘画中运用不同特性的画笔，以实现所需

图 2-178

图 2-179

图 2-180

的绘画效果。如国画中的浸润枯笔效果，水彩画中的浸润渗透效果，油画、水粉画中的笔触效果等。这需要实际应用、总结经验，才能熟练掌握其中的技巧。一般情况下应用新建画面，反复调试参数后先试画，达到所需的笔触和视觉效果后再落笔在正式画面上，必要时可记录调试结果供以后用笔时参考。

第三节　画笔辅助工具的选择及应用

画笔是电脑手绘的最主要工具，它可以满足绘画者的颜色需求和绘画效果。例如，大面积的均匀变色，渐变色的形式也是多样的，甚至能用带有图案的笔直接画出图来。下面介绍几种辅助工具，不仅能给你提供很大的方便，还能提高绘画效率。

一、"渐变"工具、"油漆桶"工具（图2-181）

图2-181

图2-182—图2-184是在电脑手绘中应用"渐变"工具进行背景填色和车体的色光变化应用，可以从不同方向和角度进行渐变，色彩变化自然、平滑，传统绘画难以达到这样的效果。

图2-182

图2-183

图2-184

Photoshop CS3 软件中的"渐变"工具有许多参数和形式选择，可根据需要进行调整（图2–185）。

Painter 12 软件中的"渐变"工具是通过单击菜单栏中的"窗口／材质库面板／渐变"命令调出"渐变"面板来实现的（图2–186、图2–187）。

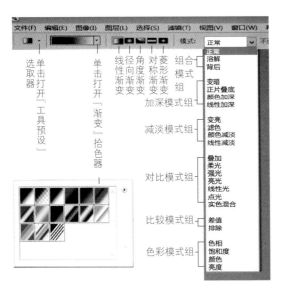

图 2–185

图 2–186

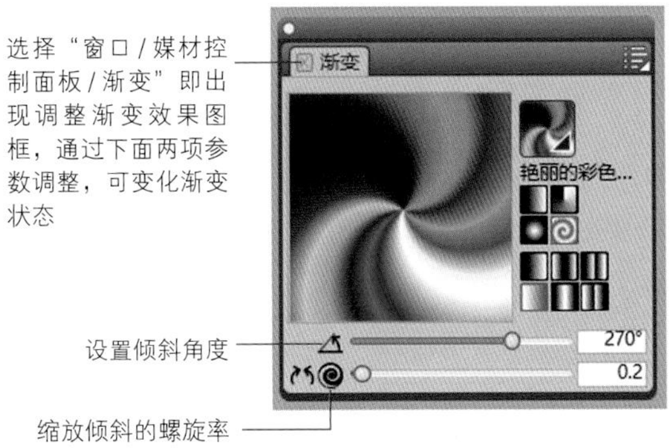

图 2–187

1."渐变"工具、"油漆桶"工具在 Photoshop CS3 软件中的应用

Photoshop CS3 软件中的"油漆桶"工具相当于传统绘画中的填色功能，但它不仅可以填充单色，而且还有填充图案、纹理的功能，即在图上某一选区直接填充图案，而不用再去画图案。平涂填色用的工具不是笔刷，而是直接将颜料倾倒在某一选定区域内，且填涂效果平整、均匀，速度也快。这个功能在大面积涂色的情况下非常好用。

例如，图2–188是一种套色木刻效果图，姑娘的外套是用"油漆桶"填充的单色。先在"油漆桶"工具上方的参数调整栏中选择"填充／图案"，再单击图案右侧的小三角图标，即出现"图案拾色器"中的各种图案。然后在画面上新建一图层8，并置于图层3之下，用"套索"工具将外套选为选区并立即激活，在"图案拾色器"中选取新添加的自定义为"鲜花"的图案，不透明度选择为100%。接着用"油漆桶"填色，此时填入的即为自定义的花的图案（图2-189），随即套入图案花色。因其不透明度高，故图案花色鲜艳、明亮。如果改变图案透明度，调整为45%，再填充图案，则会因有一定的透明度和原填色重叠而产生灰暗的花纹（图2-190）。

图 2-188

图 2-189

图 2-190

自定义图案的添加方法：选取一个图案，激活选区后选"编辑／定义图案"，出现如图 2-191 所示的图案，在"名称"定义框中输入名称后单击"好"，自定义图案便自动添加进"图案拾色器"中，便于选用。

图 2-191

除通过"图案拾色器"选色填充外，还可以从"窗口／样式"的拾色器中选择不同图形为图案进行图层叠加，也能获得意想不到的"油漆桶"填图效果。如图 2-192 所示，同样先新建图层 5，然后选择"样式拾色器"中的"纹理"样式，并选定原填色的图层 6，再单击该图层右侧小三角旁边的圆形图标，出现"图层样式"选择框，在混合选项中选择"纹理"，用"油漆桶"填色，则可在新建图层上形成纹理重叠于原图上的纹理效果。

图 2-192

　　同样的，在图层叠加的基础上再新建图层 7，改选木刻轮廓线的图层 3，用上述同样的步骤填充有色彩变化的图样，即出现如图 2-193 所示的画面效果。

　　如果再多改变几次填色图形的状况，即可实现如图 2-194—图 2-196 所示的不同的图像效果。

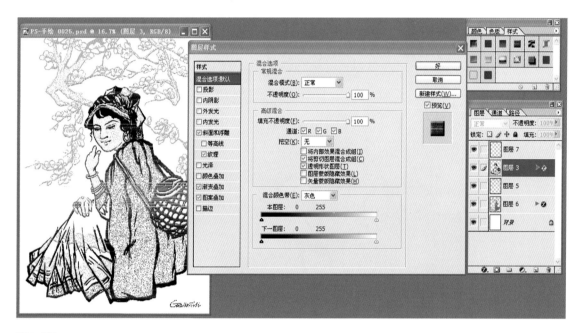

图 2-193

图 2-194

图 2-195

图 2-196

如图 2-197 所示，先新建图层，在"图层样式"选择框的"混合选项"中选择"颜色叠加"，叠加样式色彩为"灰色"，叠加在整个画面上，此时画面变化为单色调效果。

如图 2-198 所示，先新建图层，在"图层样式"选择框的"混合选项"中选择"斜面浮雕"和"肌理"。选择的"样式"图形为带有肌理效果的图形，叠加在整个画面上，此时画面变化为具有纹理的画面效果。

图 2-199、图 2-200 是用同样的方式进行的操作，可以将有肌理效果的图层单独叠加在画面的背景图层上，此时背景图层必须选择为叠加层。

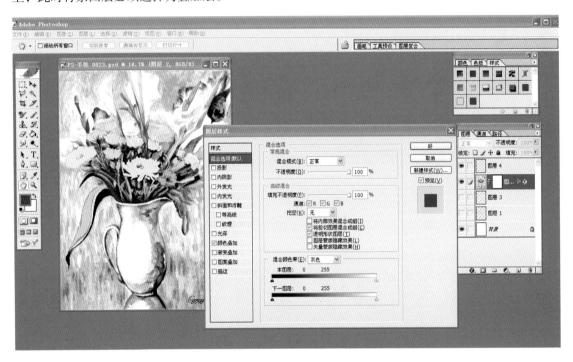

图 2-197

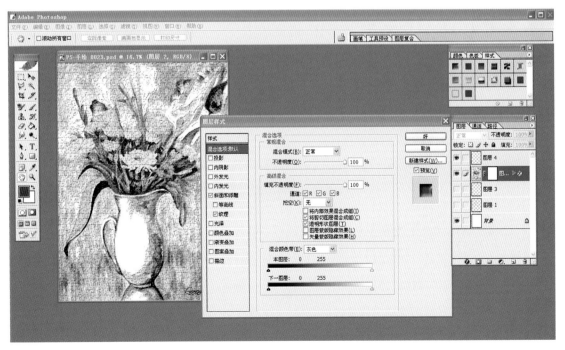

图 2-198

图 2-199

图 2-200

2. "渐变"工具、"油漆桶"工具在 Painter 12 软件中的应用

Painter 12 软件中也有类似的"油漆桶"功能，而且更有发展前景，在填充内容方面不仅可以单色填充，而且还有丰富多彩的各类图案、图形。在填充框内可选择"当前颜色""渐变""源图像"和"织物"4 种类型的色彩和图形，这比起传统的绘画手段来说扩展得不可想象，也是传统绘画永远无法企及的。

如图 2-201 所示，通过"窗口 / 媒材材质库面板 / 图案"命令，调出"图案"面板。

在"媒材材质库"面板下可调出"图案材质库"（图 2-202）、"渐变材质库"（图 2-203）、"喷图材质库"（图 2-204）、"外观材质库"（图 2-205）和"织物材质库"（图 2-206）5 种类型。

图 2-201

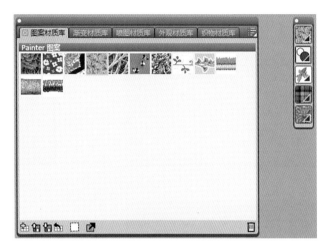

图 2-202

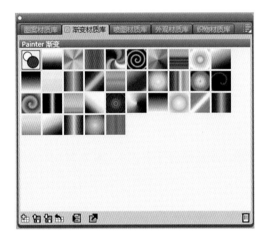

图 2-203

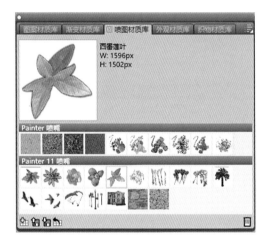

图 2-204

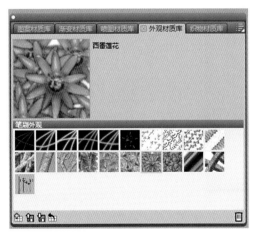

图 2-205

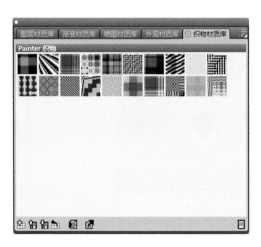

图 2-206

在"媒材控制"面板下可调出"图案"（图2-207）、"渐变"（图2-208）、"织物"（图2-209）
3种类型。

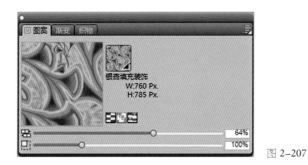
图2-207

图2-208

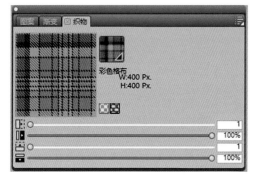
图2-209

上述几种材质库也可以通过图2-210中右侧的另一简图框打开，并且可按图2-210、图2-211的说明
进行调整。图2-212、图2-213为材质库中的预存图形。

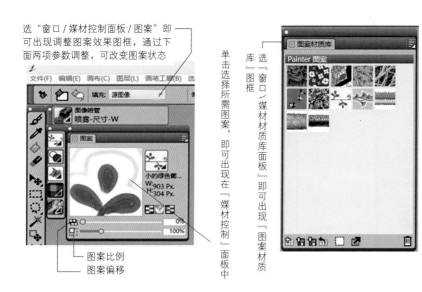

选"窗口／媒材控制面板／图案"即
可出现调整图案效果图框，通过下
面两项参数调整，可改变图案状态

图案比例
图案偏移

单击选择所需图案，即可出现在「媒材控制」面板中

选「窗口／媒材材质库面板」即可出现「图案材质库」图框

图2-210

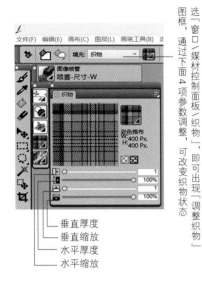

选「窗口/媒材控制面板/织物」，即可出现「调整织物」图框，通过下面4项参数调整，可改变织物状态

垂直厚度
垂直缩放
水平厚度
水平缩放

选「窗口/媒材材质库面板」即可出现「织物材质库」图框，单击所需织物，即出现在「织物控制面板」中

图 2–211

选"窗口/媒材材质库面板/喷图材质库"即可出现"喷图材质库"图框

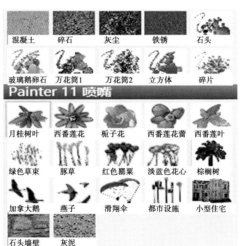

| 混凝土 | 碎石 | 灰尘 | 铁锈 | 石头 |
| 玻璃鹅卵石 | 万花筒1 | 万花筒2 | 立方体 | 碎片 |

Painter 11 喷嘴

月桂树叶	西番莲花	栀子花	西番莲花蕾	西番莲叶
绿色草束	豚草	红色罂粟	淡蓝色花心	棕榈树
加拿大鹅	燕子	滑翔伞	都市设施	小型住宅
石头墙壁	灰泥			

图 2–212

选"窗口/媒材材质库面板/外观材质库"即可出现"外观材质库"图框

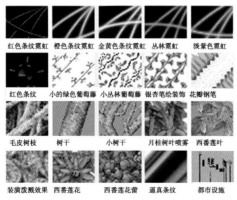

红色条纹霓虹	橙色条纹霓虹	金黄色条纹霓虹	丛林霓虹	淡紫色霓虹
红色条纹	小的绿色葡萄藤	小丛林葡萄藤	银杏笔绘装饰	花瓣钢笔
毛皮树枝	树干	小树干	月桂树叶喷雾	西番莲叶
装潢泼溅效果	西番莲花	西番莲花蕾	逼真条纹	都市设施

图 2–213

图 2-214、图 2-215 为"外观材质库"图形画出的连续图案。

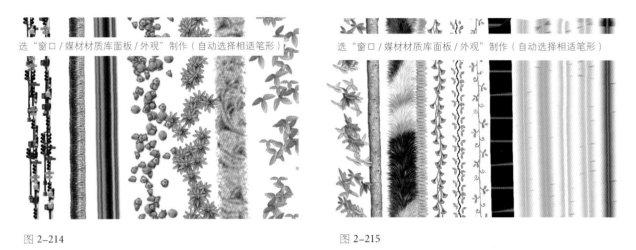

选"窗口/媒材材质库面板/外观"制作（自动选择相适笔形）　　　选"窗口/媒材材质库面板/外观"制作（自动选择相适笔形）

图 2-214　　　　　　　　　　　　　　　　　　图 2-215

在 Painter 12 软件中，还可用其他方式进行类似上述"填充图案"的操作，即采用软件中几种特别的笔来画图案或绘画，主要有以下几种。

① "图案画笔"的方式

在"图案"画板中选取需要的图案要素，呈现出的就是带有图案要素的连续图案。图 2-216 即是应用"图案画笔"画出的连续图案。

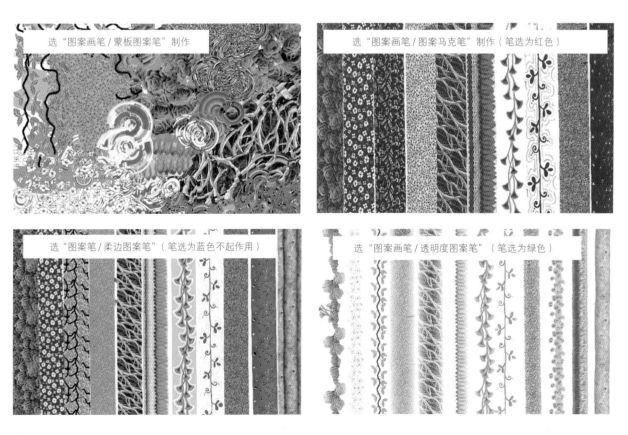

图 2-216

② "图像喷管"方式

"图像喷管"可以利用笔触的长度和方向的变化，创作出多种多样的图像绘画效果。而且图案要素广泛，自然界的各类图像个体，如花、鸟、交通工具、人物、饰品、建筑等都可纳入图案库，用来绘画。例如，在图 2-217—图 2-224 中，先选取绘画的图案要素，按照预想的画面构图便可在很短的时间内喷绘出一幅画来。当然，这样的绘画只能说是现有图形按构图要求的一种重复与组合。

图 2-217

图 2-218

图 2-219

图 2-220

图 2-221

图 2-222

图 2-223

图 2-224

③ "克隆画笔"方式

"克隆画笔"主要用于艺术化地复制图像，按照构图要求，通过选择不同的"克隆源"（已保存的"图案"面板和"外观材质库"中的要素）来改变不同的笔触效果，并以此绘制需要的画面效果（图 2-225—图 2-227）。

图 2-225

选"克隆笔 / 鬃毛油画克隆笔 15"（笔不用选色）

图 2-226

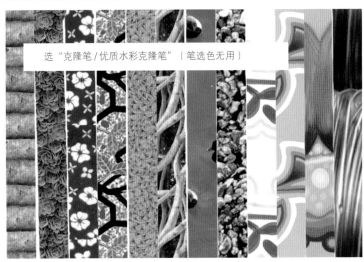

选"克隆笔 / 优质水彩克隆笔"（笔选色无用）

图 2-227

在 Photoshop CS3 软件中也有类似功能，将储备的图案填充（喷绘）在所选区域内，即"图案图章"功能（图 2-228）。图 2-229 为应用"图案图章"工具绘出的图案。

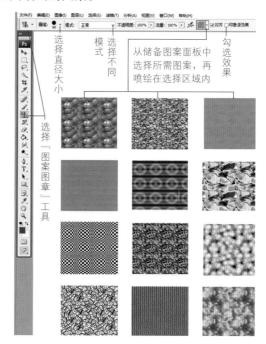

仿制图章工具　S
图案图章工具　S

图 2-228

图 2-229

二、"减淡"工具、"加深"工具（图 2-230）

减淡工具　O
加深工具　O
海绵工具　O

图 2-230

图 2-231—图 2-234 为应用"减淡"工具、"加深"工具的实例。应用时按绘画需要从如图 2-235 所示的选项中进行相关参数的调整。

图 2-231

图 2-232

图 2-233

图 2-234

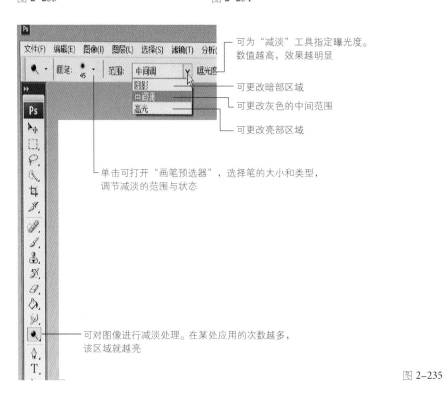

可为"减淡"工具指定曝光度。数值越高，效果越明显

可更改暗部区域

可更改灰色的中间范围

可更改亮部区域

单击可打开"画笔预选器"，选择笔的大小和类型，调节减淡的范围与状态

可对图像进行减淡处理。在某处应用的次数越多，该区域就越亮

图 2-235

三、"模糊"工具、"锐化"工具、"涂抹"工具（图 2-236）

模糊工具 R

锐化工具 R

涂抹工具 R

图 2-236

图 2-237 为应用"模糊"工具、"锐化"工具、"涂抹"工具的实例，它能方便地调整或融合相邻色彩的关系，使之有模糊、锐化和浸润的感觉。涂抹强度与模式按如图 2-238 所示的选项进行选择。

图 2-237

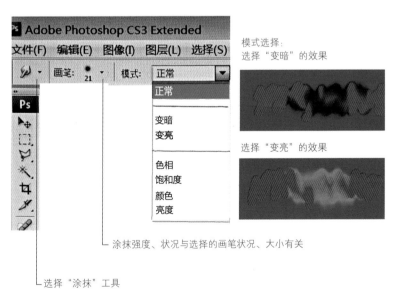

图 2-238

模式选择:
选择"变暗"的效果

选择"变亮"的效果

涂抹强度、状况与选择的画笔状况、大小有关

选择"涂抹"工具

第三章　电脑手绘的绘画程序及常用技巧

第一节　电脑手绘的绘画程序

一、设计类画种的程序安排

1. 起草图

绘制创意构思草图（可以用纸起草图，再扫描至电脑）的作用是定构图、定比例、定初形。一般是应用设计速写的方式来表现构思的形态初形。电脑手绘中，可选择适合的线型，用线条来表达构思形态的立体感觉；也可以适当加上阴影或用简单的色彩来表达。如果只是画设计效果图起草图，可以画得很简略，为定轮廓线起到一定作用即可。

2. 定轮廓线

为了画设计效果图，需要在草图的基础上进一步精确地确定形态轮廓线。表现方式可以多样化，按自己的表达目的和风格而定。一般应用流畅的实线画出轮廓线，以便为以后的上色确定准确的范围；也可用虚线作为轮廓线（图6-8），这种方式对线条绘画的流畅性要求不高，难度也不太大。如果表达对象的高光线较多，轮廓线还可用形态的高光线来表示，这样就能一次性画出高光线，简化了上色以后再画高光线的程序（图6-15）。而电脑手绘是在草图层的上面新建一图层，以草图为底稿，准确地勾勒出形态的轮廓线条，并反复修改至形态准确。

轮廓线在效果图中可以保留，也可以不保留，在体面关系不很确切、色彩光影关系比较平淡的情况下，保留轮廓线容易表达形态的体面关系。如果色彩和光影关系比较强烈，也可省去轮廓线，用准确的体面关系来表达。

3. 上色

上色是设计效果图最后的关键环节。按照色彩关系和表达的色质效果，选择适合的画笔和相关参数，在确定的轮廓线内进行上色。电脑手绘一般是在轮廓线图层下新建一层或多层图层，分别在不同部位进行填色。不同的色彩效果可选择不同的画笔、方法及辅助工具来进行润饰。因为轮廓线有一定的宽度，所以上色方便、容易，且可大胆填色，不会影响轮廓线的准确性。在传统绘画中，因为均在同一平面，填色可能会相互影响，操作起来比较困难，也不方便。而在电脑手绘中，可以应用"套索"工具将上色区域激活，上色仅限于在激活选区内进行，更加方便。

二、传统绘画的程序安排

1. 起草图

起草图的目的是定构图、定比例、定初形。一般的画种，如素描、水粉画、油画等，需要一个比较粗略的草图，在深入刻画的过程中，不断修正和确定各部分的形态等绘画要素。因此，起草图是很重要的一步，特别是对画国画的初学者来说还是很有必要的。但是，如果在宣纸上起草图，往往会不可避免地在宣纸上留下草图痕迹，而在电脑上进行手绘，则可将草图画在一个透明图层上，画完后删除这个草图层即可。因此，电脑手绘对画国画非常有利。同样，水彩的透明性较高，起草图的痕迹也有可能残留在纸上而影响画面效果，但如果在电脑上画，则可利用草图层，避免残留痕迹影响画面效果。

2. 初画背景

水彩画、水粉画、油画等画种一般先从画背景入手（也有例外，一般根据绘画者的习惯而定），从后到前逐步定前景色和形，但如果绘制的某部分不准确，往往会影响所画的背景。在传统绘画中这是难以避免的，而且修改起来也很不方便，可是在电脑手绘中却可把背景层单独设为一图层，将前景色和形画在其上的一层或几层，这样一来，画前景色与形时处于覆盖状态，不会影响背景层，十分方便。

3. 画前景

前景是画面的主体和核心，一般要画得肯定、突出。前景部分有层次和前后关系，传统绘画中可能存在前面的形和色影响后面部分的形和色的情况。例如，花与叶的关系，花往往会在叶的前（上）面。传统绘画中的水粉颜料、油画颜料和丙烯颜料的覆盖能力强，用前面盖住后面部分是很方便的，但是水彩颜料和水质马克笔等水质透明度高的颜料就难以覆盖。而在电脑手绘中，前景色和形的部分可以充分利用层面特性，把前景部分的前后关系放在不同的层上，方便每一层的绘制，互不影响，这是电脑手绘的一大优势。

第二节　电脑手绘的常用技巧

一、常见画面效果的处理技巧

1. 干画效果

干画效果是线条图形的前景色与背景色有明显清晰的界线，不相含混的效果。为了达到这样的效果而又不破坏背景画面，可以新建一图层，在新图层上绘制，这样既可以覆盖又方便调整修改。如图 3-1 中人与草坪、树与远山、电线铁塔与天空之间，图 3-2 中花朵与背景叶子之间，图 3-3 中向日葵花瓣之间，图 3-4 中海鸥、枯黄的芦荟叶与背景之间，图 3-5 中大雁与海浪之间，图 3-6 中树干与背景之间，图 3-7 中装饰画的轮廓线和各色块之间，图 3-8 中清晰的轮廓及前后的画面关系，这些都非常清楚、肯定，无含混不清的感觉。

图 3-1

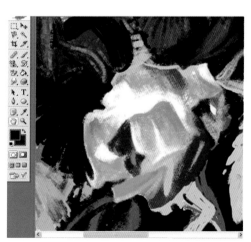

图 3-2

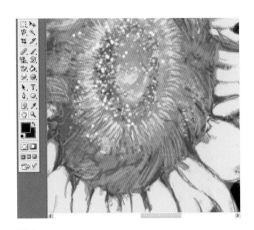

图 3-3

图 3-4

图 3-5

图 3-6

图 3-7

图 3-8

　　要想获得干画的效果，关键在于选择的画笔截面的边界轮廓要清晰，颜色的前后关系、色相、明度、纯度差别要大，对比度要高。如图 3-9 所示，线条和图形均是按上述要求绘制的，故其视觉效果特别清晰、明快，这就达到了干画效果。

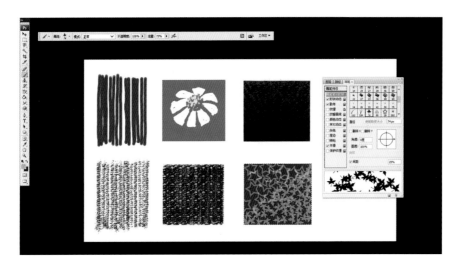

图 3-9

2. 湿画效果

湿画效果是前景色与形和后面的背景色之间、前景色的色与色之间，有一种含混不清、模糊、浸润的感觉，给人一种柔和飘逸的视觉感受（图 3-10—图 3-14）。

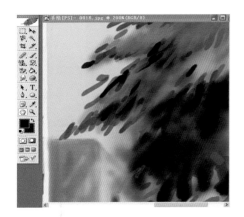

图 3-10

图 3-11

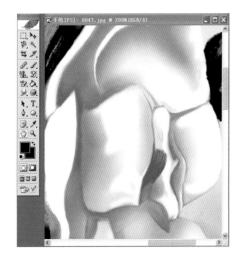

图 3-12

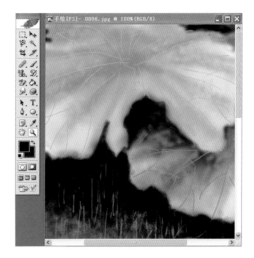

图 3-13

图 3–14

图 3–15

要想获得湿画效果，一般可以采用以下几种方式：

①采用"喷笔"进行喷绘。由于"喷笔"边缘的形色强度逐渐减弱，与背景色之间逐渐趋近，进而产生模糊、浸润的效果。喷笔的数值越大，模糊、浸润的效果就越强（图 3–15）。

"喷笔"中除一般的笔形外，其他如"数码喷笔""数字柔性流动喷笔""柔性喷笔"有比较突出的湿画效果，同时注意调整画笔的参数可得到不同的湿画效果。

②选择与喷笔笔形类似的其他笔形。实现浸润效果的笔形有很多，下面推荐几种，可以试绘后感觉其效果。

"数码水彩笔"中的"渗化水笔""精细涂抹画笔"。

"液态墨水"中的"柔化颜色""柔化边缘和颜色"。

"着色笔"中的"扩散""软化"。

"调和笔"中的"扩散模糊""细节调和笔""加水笔"。

"特效笔"中的"干扰""扩散"。

"海绵"中的"沾染海绵"。

③采用"模糊"工具、"涂抹"工具，也能获得颜色之间的浸润效果。如图 3–16 所示，最初绘制的笔触明显、清晰。又如图 3–17 所示，在笔触明显处用"涂抹"工具进行柔化，可得到浸润效果；模糊笔触的轮廓，可实现湿画的效果。这种辅助工具的应用非常方便，浸润的强弱度也容易掌握。

图 3–16

图 3–17

④用"减淡"工具、"加深"工具进行柔化，也能实现浸润的湿化效果（图 3-18）。

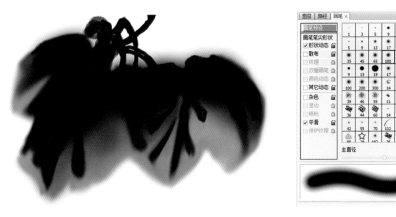

图 3-18

3. 光滑曲面的色彩渐变效果

在传统绘画中，要实现立体曲面或球面的表现效果比较困难。如图 3-19 所示的葡萄，要表现出受光面、反光面及周边环境色光的影响。它的明暗变化较复杂，而且又要光滑过渡才能表现出曲面与球形的效果，同时还受形状轮廓的约束，表现难度相当高。

可是在电脑手绘中，利用激活选区的功能能方便地控制着色的范围，由此可以大胆地依据曲面、球面的光照效果进行着色。同时利用"喷笔"功能，形成逐渐变化的效果，快速地绘制出曲面或球面的光影关系和色彩变化。

重重叠叠的葡萄，每个都有复杂的光照关系和色彩变化，如果用传统绘画的笔来绘制就很困难，但在电脑上绘制却十分方便。它可以在另外一个画面上一颗一颗地画好后，"剪切"下来再"粘贴"在画中。可以用"编辑"中的"自由变换"或"变换"来改变葡萄的大小、方位，达到构图的要求。而且每颗葡萄在一个独立的图层上，前后重叠关系可以任意调整，甚至每颗葡萄的明暗对比、色调都可以单独进行调整，从而达到画面的整体要求，这在传统绘画中是不可能实现的。

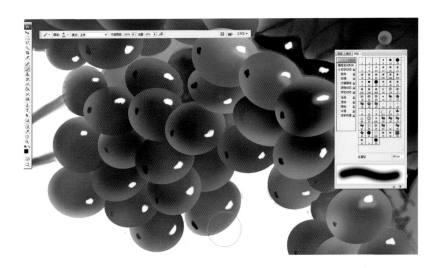

图 3-19

　　下面介绍一下用喷绘的方法绘制立体葡萄的步骤。先用"椭圆"工具拉出一个椭圆，将已激活的椭圆用喷笔（300px 模式为正常）喷满作为葡萄的中间色（图 3-20）；然后在椭圆的右上角受光处，用稍亮的淡紫色喷笔边缘轻轻地喷出受光部分（图 3-21），再用比中间色暗的深紫色在左下角用喷笔边缘轻轻地喷出暗部，此时，已显示出葡萄的立体感。如果葡萄上还有返青的颜色，再用青色喷笔边缘在右上侧轻喷一点青色。为了增强光感效果，可再选择白色的喷笔（60px 左右），在受光照的右上角偏中间处喷出高光点（图 3-22）。如果葡萄的左下方受红色环境色的影响，可选用红色喷笔的边缘在左下侧轻轻喷一点红色（图 3-23）。为突出高光效果，可用白色的圆形画笔在右上角已喷上白色的高光处点一个小白点（图 3-24）。可见，葡萄的色光效果非常丰富，而且立体感表现也很突出。如果要调整葡萄，可选择"编辑 / 自由变换"来变动方位、调整大小（图 3-25）。

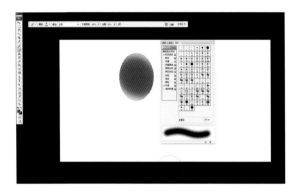

图 3-20

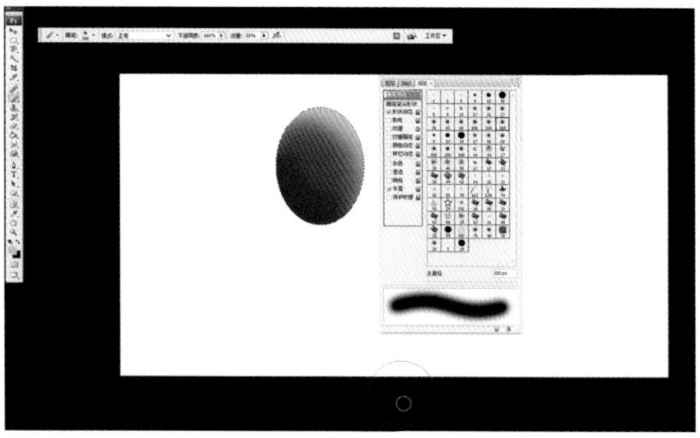

图 3-21

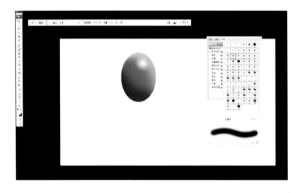

图 3-22

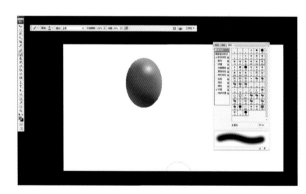

图 3-23

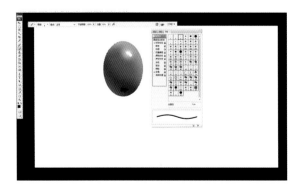

图 3-24

图 3-25

图 3-26、图 3-27 为用上述方法画出的几颗不同颜色、光照、方位的葡萄。

图 3-28 为用上述方法画出的叶面上的水珠效果。

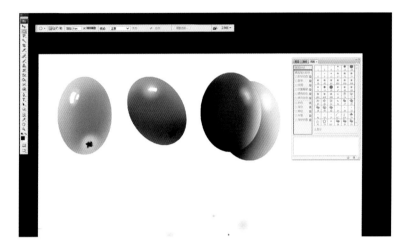

图 3-26

图 3-27

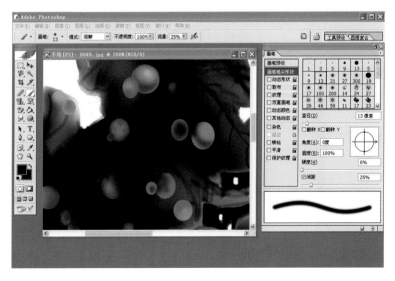

图 3-28

4.笔触效果

电脑手绘中，常采用下述方法来表现笔触效果：利用笔断面清晰的笔形，增强色彩明度、纯度、对比度，采用如鬃毛类笔刷来实现（图 3–29—图 3–31）。

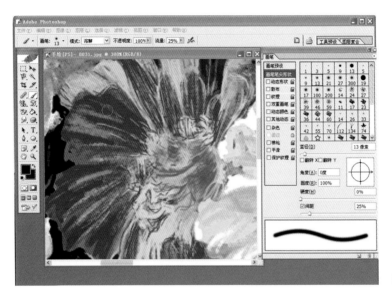

图 3–29

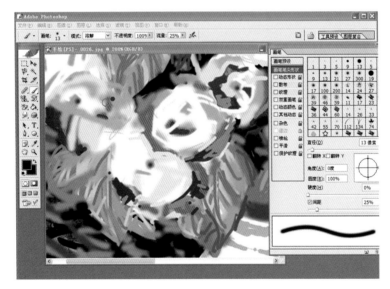

图 3–30

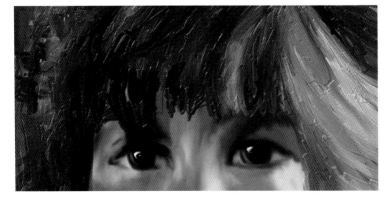

图 3–31

在 Photoshop CS3 软件中，取得笔触效果的关键是选择带有细线纹的粗糙笔刷和笔尖断面为砂粒状态的画笔，画出的线才会产生细线纹的效果，但要注意断面砂粒状的分布状态。如图 3-32 所示选择砂粒状笔尖 59 号，因砂粒中心部位太密集，因此画出的线条中心部位非常浓厚。又如图 3-33 所示选择砂粒状笔尖 66 号，砂粒分布较稀疏，此时画出的线比前者多一些细线条纹，但由于砂粒排列太一致，线条的线纹感还是不强。如果选择如图 3-34 所示的砂粒状笔尖 40 号，由于断面砂粒排列疏密不一，此时形成的线条就带有较多细线纹，而且不太有规律，就像粗糙笔刷画出的笔触效果，笔态较为自然。

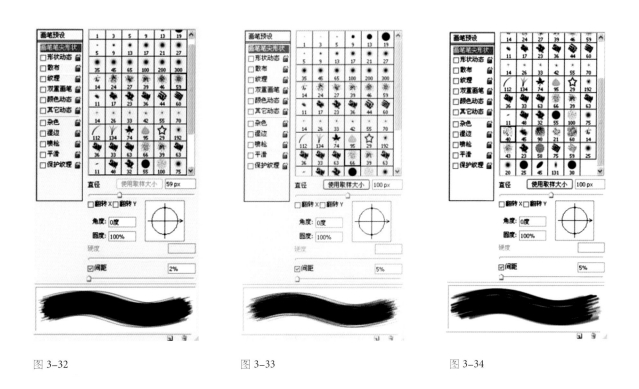

图 3-32　　　　　　　　　　　　图 3-33　　　　　　　　　　　　图 3-34

在 Painter 12 软件中，主要选择有笔触效果的"油画笔""调色刀""厚涂""锥形""湿油""仿真"和"沾染类"等几种功能的特殊画笔。选择这几类笔，再调整好相关参数，将呈现不同状态的笔触效果。

"笔尖形状"选好后，还可以选择不同的"笔形状态"。如在确定如图 3-34 所示的笔尖形状后，在左侧勾选不同选项，其笔形状态也会随之变化。图 3-35 勾选了"散布"，此时砂粒呈径向散布状，笔画的线条纹被破坏，没有鬃毛刷的效果，因此笔触效果不好。图 3-36 勾选了"双重画笔"，此时在原有笔形中又叠加了细小的纹理效果，笔触感觉自然也有所不同。图 3-37 勾选了"杂色"，图 3-38 勾选了"湿边"，图 3-39 勾选了"双重笔画"和"湿边"，如图所示，勾选不同的选项会产生不同的笔触效果。如选择"湿边"后，笔画中的细线纹便会产生浸润的感觉，但仍有笔触效果。

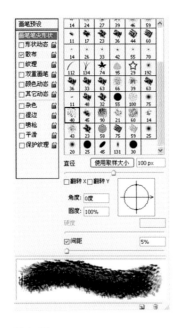

图 3-35

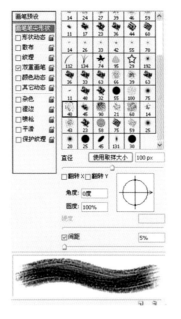

图 3-36

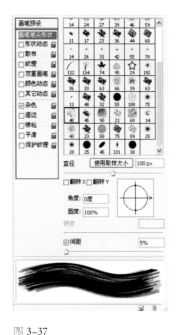

图 3-37

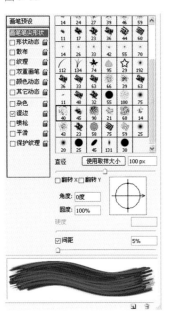

图 3-38

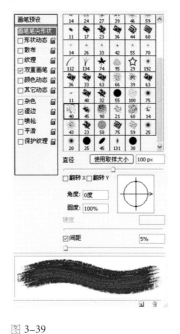

图 3-39

5.局部画面的立体效果

局部画面的立体效果能使画面更加生动。绘画本身就是用色、光、透视等视觉元素来表现空间感和立体感的，但在电脑手绘中，使用一些特殊的画笔也能很快地表现线型或图形的立体感。图 3-40—图 3-43 就是采用"厚涂"笔中的"不透明鬃毛笔"绘制的，表现的线条或块面就比较有厚度和立体感。

图 3-40

图 3-41

图 3-42

图 3-43

6. 毛状（针叶状）效果

如图 3-44 所示的毛状（针叶状）效果在绘画中是非常烦琐的表现形式。例如，动物的毛，植物中的小草、针叶松、针状叶，这些画起来都很麻烦，既要求细致又费时间。

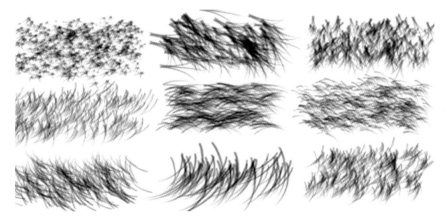

图 3-44

但在 Photoshop CS3 软件中有类似毛和草的一种画笔，只要按图的需要调整好粗细、间距、角度和方位，就能像拓印一样，很快画出繁多的毛或针叶状的图形，十分方便。图 3–45 画的小熊猫的毛、图 3–46 画的兔子的毛皮和绿草、图 3–47 画的松树的针叶，就是使用这个功能绘制的。

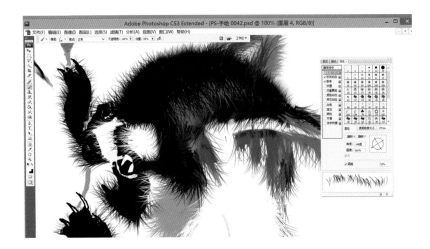

图 3–45

图 3–46

图 3–47

图 3–48

图 3-48 是在 Painter 12 软件中用细线笔画出的长尾猴的毛皮。在 Painter 12 软件的"特效笔"中还有专门的"毛发笔"，能方便、快速地画出毛状效果。

7. 光点效果

水面有波浪变动即出现太阳反光的高光点。光点一般有重叠的圆形和星形两种，如果用手逐个绘制十分烦琐，但用 Photoshop CS3 软件中如图 2-34 所示的几种星形笔尖，如 E 区 14 号、26 号、33 号、42 号、55 号、70 号，便可以方便、快速地绘制出水波光点效果（图 3-49）。

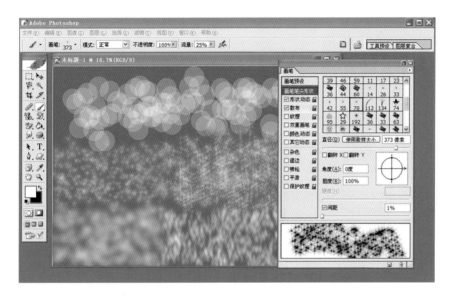

图 3-49

8. 绒雪状效果

图 3-50 中的雪花像棉花状，如果用传统绘画是很难画出这种效果的，但在电脑手绘中，如 Photoshop CS3 软件的"画笔"工具中选用"圆点状"或"滴溅"类笔尖，再在"画笔笔尖形状"中选择"形状动态"和"散布"，将笔尖断面调整为单个分离状，这样就可以绘制出绒雪状的小点和雪花。

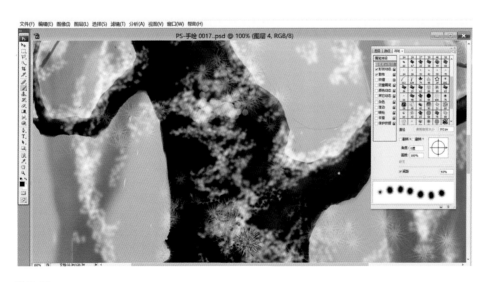

图 3-50

例如，如图 3-51 所示的绒雪花点效果，可选"画笔笔尖形状 / 形状动态、散布"。图中左面是选绒毛绒球笔尖 192 号、直径 192px、间距 1% 画出的效果。右上角是选笔尖 39 号、直径 39px、间距 1% 画出的效果。右下角是选笔尖 65 号、直径 65px、间距 5% 画出的效果。

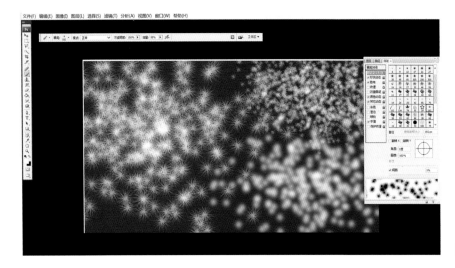

图 3-51

9. 麻石面效果

如图 3-52 所示的麻石面效果，可选"画笔笔尖形状 / 形状动态、散布、纹理"。左上角是在图 2-34 中选笔尖 19 号、直径 368px、硬度 100%、间距 25% 画出的效果。左下角是选笔尖 200 号、直径 200px、硬度 0%、间距 25% 画出的效果。右上角是选笔尖 66 号、直径 330px、硬度 0%、间距 5% 画出的效果。右下角是选笔尖 59 号、直径 236px、硬度 0%、间距 1% 画出的效果。

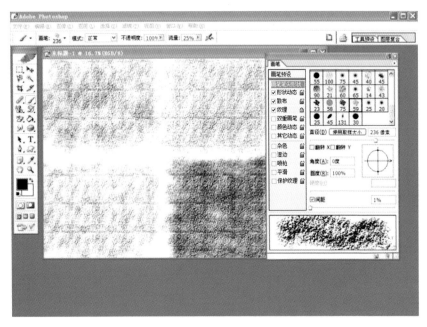

图 3-52

10. 小花点效果

如图 3-53 所示的小花点效果，可选"画笔笔尖形状／形状动态"。在图 2-34 中选笔尖 50 号、硬度 100%，直径分别设置为：A—12px、B—16px、C—1px、D—33px、E—50px（间距 4%）、F—50px、G—59px、H—82px、I—100px（间距 20%），即可出现不同状态的小花点效果。

图 3-54 是用小花点笔方便、快速地绘制这类穗团状花的高光点。

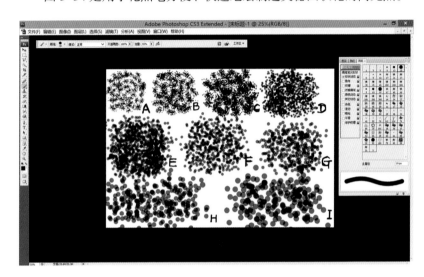

图 3-53

图 3-54

11. 刺绣与植绒效果

刺绣与植绒效果，表现在布面或纸面上就是有一种凸起的线条或块面的视觉效果。在 Photoshop CS3 软件中，可以利用"油漆桶"填色功能实现这种效果。首先选择圆笔或平笔画出黑白图形，然后新建图层，选择"油漆桶／图案"来选定图形的图层，在"样式拾色器"中选择一个图形（红色）。在选择图层上单击右侧小三角形后的一个圆形图标，在出现的"图层样式"选择框中（图 3-55），调整上面的参数，尤其要勾选左侧所列"斜面和浮雕"及其下的"纹理"、"颜色叠加"和"渐变叠加"，并用"油漆桶"填充。此时可见图形由于叠加了红色的图形，变成有凸起感觉的刺绣效果。如果叠加样式的图形有色彩变化，则可变成多色线的刺绣效果（图 3-56）。

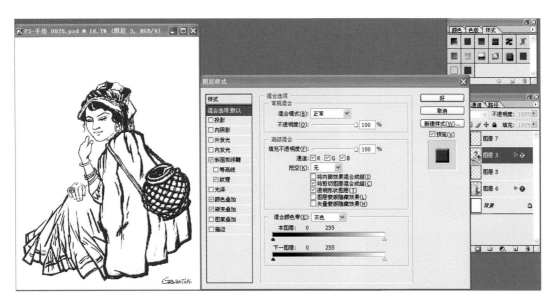

图 3—55

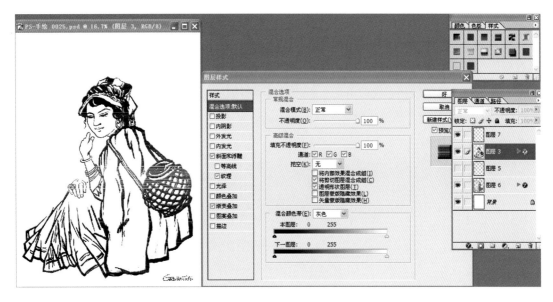

图 3—56

二、电脑手绘中常用的特技技巧

电脑手绘能充分利用软件的高科技数码功能，依靠不同效果的笔和滤镜效果，方便、快速地实现传统绘画中的一些特殊技巧。电脑手绘中常见的特技技巧有以下几种。

1. 水彩垫纸积色法（或泼彩法）

这种方法是让水彩纸充分湿润，然后将浓色轻重不均地泼洒在倾斜画面上，让其自然流动形成流动的色斑，待逐渐晾干后，再用浅色或深色表现清晰的主题轮廓，原画如图 3-57 所示。电脑手绘中，也可利用多种笔法实现这种效果（图 3-58）。

图 3-57

图 3-58

2. 撒盐法

这种方法是在画面湿润的情况下，在画面需要处撒上一些食盐，使其形成雪花状的效果。由于小颗粒的盐遇水后会逐渐溶化扩散，且扩散状态貌似雪花，因此纸面颜料随盐的溶化扩散形成白色的雪花点。原画如图 3-59 所示，电脑手绘可应用"绒雪状效果"画出同样的效果（图 3-60）。在 Painter 12 软件的"特效笔"中还专门有"撒盐"功能。

图 3-59

图 3-60

3. 撒清水点法

清水颗粒由于水的扩散效应，即在已上色处形成小花点，从而产生一种肌理效果。即使水粒大小不同，扩散效果与撒盐效果略有差别，也能表现出细雨和雪花的效果，原画如图3-61所示。在电脑手绘中，运用Photoshop CS3软件中的"滤镜"功能或Painter 12软件中的"效果"功能，也很容易处理成类似的肌理效果（图3-62、图3-63）。

图3-61

图3-62

图3-63

4. 喷点法

这种方法是利用喷洒工具将颜料喷洒在画面上，从而形成一定的肌理效果。如果同时交换喷洒同色调的深色细颗粒与浅色细颗粒，可以得到砂石面的肌理，原画如图 3-64 所示。在电脑手绘中，同样可以用 Photoshop CS3 软件中的"滤镜"功能或 Painter 12 软件中的"效果"功能，方便、快速地处理成这样的肌理效果（图 3-65）。

图 3-64

图 3-65

5. 冲水法

这种方法是将画纸充分湿润后上浓色，待其尚未干时在需要形成流淌效果处用壶装清水冲洗画面，并用笔引导清水流向，使画面形成水流淌的效果（图 3-66），原画如图 3-67 所示。这种方法随意性很强，用传统方法难以控制，但在电脑手绘中用笔画出水流走向后，再采取其他浸润措施或涂抹等方法却较易达到这种效果（图 3-68）。

图 3-66

 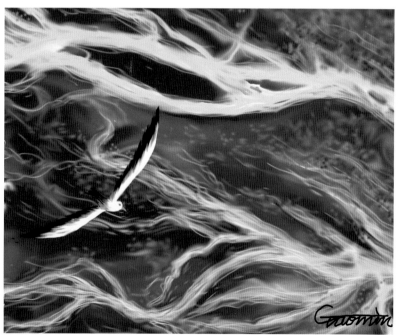

图 3-67

图 3-68

6. 擦纸法

这种方法是将较厚实的画纸表面用砂纸打磨（部位按画面要求），由于画纸摩擦处吸水、吸色不均匀，故可形成一定的肌理效果。图 3-69 为老牧羊人衣服皮毛处的肌理效果原图。在电脑手绘中，可以综合运用沾染笔法、涂抹肌理等手法，也能实现这类画面效果（图 3-70）。

图 3-69

图 3-70

7. 酒精画法

利用酒精具有排斥水色的特性，用蘸上酒精的笔迅速提出亮部物象，并使图像边缘具有浸润的感觉。如图 3-71 所示为原画芦苇上的芦花和芦秆叶等，需注意画面应有一定的湿润度，故底色不宜太浓、太厚。

图 3-71

图 3-72

酒精易扩散，笔上所蘸酒精量需掌握适度，而且画纸应用结构紧密、表面光洁的纸，诸如卡纸、铜版纸，不宜用吸水性强和纸纹粗的画纸。电脑手绘中笔的种类繁多，要实现有浸润感觉的方式也很多，很易实现此类效果（图3-72）。

另外，还有"戳印法"等特技技巧，可利用Photoshop CS3软件中的"图章"功能以及Painter 12软件中的"克隆笔""图案喷管"和"图案画笔"功能来实现图像的拓印。

第四章　数码技术对手绘作品画面调整与变化的技法

第一节　Photoshop CS3 软件的"滤镜"功能

在 Photoshop CS3 软件中，利用强大、先进的数码技术，可以对已完成作品的画面进行多方面的调整变化，而且快速、方便，这在传统绘画中是不可能实现的。它能对画面的光影、色调、质地肌理、画面形态等多方面绘画要素进行调整变化，其主要方法是利用"滤镜"功能来改变原画的性质和特征。从功能来看，滤镜主要分为三大类：

①修改类滤镜：主要用于调整图像的外观，如"画笔描边""扭曲""像素化"等滤镜。

②创造类滤镜：可以脱离原图像进行调整，如"云彩"滤镜。

③复合类滤镜：这种滤镜与前两种差别较大，它有自己独特的工具，如"液化""抽出"等滤镜。

Photoshop CS3 软件中的滤镜多达 100 余种，其中"抽出""滤镜库""镜头校正""液化""消失点"滤镜属于特殊滤镜，其他为滤镜组（图 4-1）。

在"滤镜"菜单中选择某项后，应注意还有下一级选项。例如，在选择"风格化"滤镜后会出现预览框，在框内下拉菜单中选择"照亮边缘"还会有近 30 种选项。

为了便于观察和比较滤镜效果，我们常将同一幅画（图 4-2）选择部分滤镜工具进行不同的滤镜处理，经滤镜处理的画面即可出现与原画不同的风格效果。图 4-3—图 4-134 分别是同一幅画运用不同的滤镜方式进行处理，再选择不同的调整参数组合，获得的不可估量的新画面效果。可见，运用数字技术能把同一幅画演变成不同艺术风格、不同视觉效果的作品，这种神奇的画面处理功能对传统绘画来说是完全不可能做到的事。

下面将分层次介绍滤镜的处理方式和获得的新画面效果，可与原画进行比较，体会某种处理技巧的艺术效果，从而领悟其运用方法，以便实际应用时选择适当的"滤镜"处理方法。

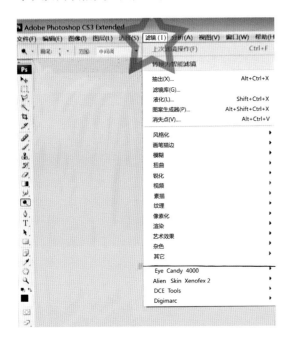

图 4-1

图 4-2

选"滤镜 / 风格化 / 照亮边缘 / 胶片颗粒"

图 4-3 （颗粒 15，高光区 10，强度 6）

选"滤镜 / 风格化 / 照亮边缘 / 霓虹灯光"

图 4-5 （发光大小 -5，发光亮度 15，发光颜色 [蓝]）

选"滤镜 / 风格化 / 照亮边缘 / 木刻"

图 4-4 （色阶数 5，边缘简化度 2，边缘逼真度 2）

选"滤镜 / 风格化 / 照亮边缘 / 强化的边缘"

图 4-6 （边缘宽度 2，边缘亮度 38，平滑度 5）

选"滤镜 / 风格化 / 照亮边缘 / 喷色描边"

图 4-7 （描边长度 10，喷色半径 18，描边方向 [水平]）

选"滤镜 / 风格化 / 照亮边缘 / 拼缀图"

图 4-8 （方形大小 4，凸现 15）

选"滤镜 / 风格化 / 照亮边缘 / 染色玻璃"

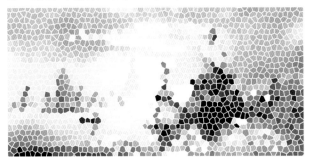

图 4-9 （单元格大小 10，边框粗细 4，光亮强度 3）

选"滤镜 / 风格化 / 照亮边缘 / 深色线条"

图 4-10 （平衡 5，深色强度 3，白色强度 3）

选"滤镜 / 风格化 / 照亮边缘 / 水彩"

图 4-11 （画笔细节 10，阴影强度 1，纹理 2）

选"滤镜 / 风格化 / 照亮边缘 / 水彩画纸"

图 4-12 （纤维长度 20，亮度 50，对比度 80）

选"滤镜 / 风格化 / 照亮边缘 / 撕边"

图 4-13 （图像平衡 25，平滑度 10，对比度 5）

选"滤镜 / 风格化 / 照亮边缘 / 塑料包装"

图 4-14 （高光强度 15，细节 10，平滑度 10）

选"滤镜 / 风格化 / 照亮边缘 / 塑料效果"

图 4-15 （图像平衡 20，平滑度 1，光照 [下]）

选"滤镜 / 风格化 / 照亮边缘 / 炭笔"

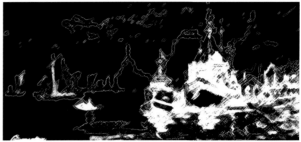

图 4-16 （炭笔粗细 2，细节 5，明 / 暗平衡 100）

选"滤镜 / 风格化 / 照亮边缘 / 炭精笔"

图 4-17 （前景色阶 12，背景色阶 10，纹理 [画布]，
缩放 100%，凸现 5，光照 [上]）

图 4-18 （同前，纹理 [砖形]）

图 4-19 （同前，纹理 [粗麻布]）

图 4-20 （同前，纹理 [砂岩]）

选"滤镜 / 风格化 / 照亮边缘 / 调色刀"

图 4-21 （描边大小 10，描边细节 2，软化度 8）

选"滤镜 / 风格化 / 照亮边缘 / 图章"

图 4-22 （明 / 暗平衡 25，平滑度 5）

选"滤镜／风格化／照亮边缘／涂抹棒"

图 4-23　（描边长度 5，高光区域 5，强度 8）

选"滤镜／风格化／照亮边缘／纹理化"

图 4-24　（纹理 [画布]，缩放 150%，凸现 15，光照 [上]）

图 4-25　（纹理 [砖形]，缩放 150%，凸现 15，光照 [上]）

图 4-26　（纹理 [粗麻布]，缩放 150%，凸现 15，光照 [上]）

图 4-27　（纹理 [砂岩]，缩放 150%，凸现 15，光照 [上]）

选"滤镜／风格化／照亮边缘／烟灰墨"

图 4-28　（描边宽度 10，描边压力 2，对比度 18）

选"滤镜／风格化／照亮边缘／阴影线"

图 4-29　（描边长度 15，锐化程度 5，强度 3）

选"滤镜 / 风格化 / 照亮边缘 / 影印"

图 4-30 （细节 15，暗度 20）

选"滤镜 / 风格化 / 照亮边缘 / 网状"

图 4-31 （浓度 20，前景色阶 25，背景色阶 25）

选"滤镜 / 风格化 / 扩散"

图 4-32 （变暗优先）

选"滤镜 / 风格化 / 凸出"

图 4-33 （块，大小 5，深度 50，随机，立方体正面）

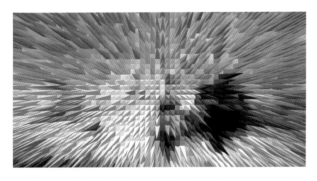

图 4-34 （金字塔，大小 20，深度 50，随机，立方体正面）

选"滤镜 / 风格化 / 浮雕效果"

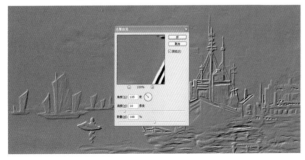

图 4-35

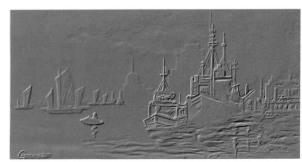

图 4-36 （角度 135 度，高度 10，像素数量 100%）

选"滤镜 / 风格化 / 查找边缘"

图 4-37

选"滤镜 / 风格化 / 照亮边缘"

图 4-38　（边缘宽度 2，边缘亮度 6，平滑度 5）

选"滤镜 / 风格化 / 风"

图 4-39　（大风，方向从右）

图 4-40　（飓风，方向从右）

选"图像 / 调整 / 照片滤镜"

图 4-41　（滤镜选为橘红色，画面增强橙色）

图 4-42　（滤镜选为浅蓝色，画面增强蓝色）

图 4-43　（滤镜选为大红色，画面增强红色）

图 4-44　（滤镜选为蓝色，画面增强蓝色）

图 4-45 （滤镜选为橘黄色，画面增强黄色）

选"图像 / 调整 / 渐变映射"

图 4-46 （渐变选项 仿色）

图 4-47 （渐变选项 反向）

选"图像 / 调整 / 阀值"

图 4-48 （阀值色阶 128）

选"图像 / 调整 / 色调分离"

图 4-49 （色阶 4）

图 4-50 （色阶 8）

选"滤镜／模糊／径向模糊"

图 4-51　（数量 22 像素，模糊方法［旋转］，品质好）

选"滤镜／模糊／动感模糊"

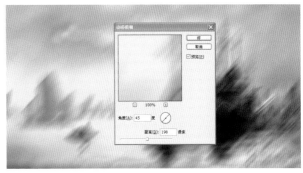

图 4-52　（角度 45 度，距离 198 像素）

选"滤镜／模糊／高斯模糊"

图 4-53　（半径 33.9 像素）

选"滤镜／艺术效果／壁画"

图 4-54　（画笔大小 2，画笔细节 8，纹理 2）

选"滤镜／艺术效果／彩色铅笔"

图 4-55　（铅笔宽度 5，描边压力 8，纸张亮度 15）

选"滤镜／艺术效果／调色刀"

图 4-56　（描边大小 25，描边细节 3，软化度 5）

选"滤镜／渲染／镜头光晕"

图 4-57

图 4-58　（亮度 160，镜头类型［50~300 毫米变焦］）

图 4-59 （亮度 135，镜头类型 [50~300 毫米变焦] ）

图 4-60 （亮度 135，镜头类型 [35 毫米聚焦] ）

图 4-61 （亮度 135，镜头类型 [105 毫米聚焦] ）

图 4-62 （亮度 135，镜头类型 [电影镜头] ）

选 "滤镜 / 素描 / 半调图案 / 海报边缘"

选 "滤镜 / 素描 / 铬黄渐变"

图 4-63 （边缘厚度 10，边缘强度 1，海报化 2）

图 4-64 （细节 10，平滑度 0）

选 "滤镜 / 素描 / 半调图案 / 壁画"

选 "滤镜 / 素描 / 半调图案 / 成角的线条"

图 4-65 （画笔大小 2，画笔细节 2，纹理 2）

图 4-66 （方向平衡 50，描边长度 15，锐化程度 3）

选"滤镜 / 素描 / 半调图案 / 粗糙蜡笔"

图 4-67　（描边长度 6，细 3，纹理 [画布]，缩放 100%，凸现 20，光照 [下]）

选"滤镜 / 素描 / 半调图案 / 干画笔"

图 4-68　（画笔大小 5，画笔细节 5，纹理 2）

选"滤镜 / 素描 / 半调图案 / 海洋波纹"

图 4-69　（波纹大小 9，波纹幅度 12）

选"滤镜 / 素描 / 半调图案 / 绘画涂抹"

图 4-70　（画笔大小 9，锐化程度 8，画笔类型 [简单]）

图 4-71　（画笔大小 9，锐化程度 8，画笔类型 [未处理光照]）

图 4-72　（画笔大小 9，锐化程度 8，画笔类型 [未处理深色]）

图 4-73　（画笔大小 9，锐化程度 8，画笔类型 [宽锐化]）

图 4-74　（画笔大小 9，锐化程度 8，画笔类型 [宽模糊]）

图 4-75 （画笔大小 9，锐化程度 8，画笔类型 [火花]）

选"滤镜 / 素描 / 绘图笔"

选"滤镜 / 素描 / 半调图案 / 龟裂缝"

图 4-76 （描边长度 15，明 / 暗平衡 50，描边方向 [右对角线]） 图 4-77 （裂缝间距 29，裂缝深度 6，裂缝亮度 7）

选"滤镜 / 素描 / 半调图案 / 玻璃"

图 4-78 （扭曲度 8，平滑度 2，纹理 [画布]） 图 4-79 （扭曲度 4，平滑度 2，纹理 [块状]）

图 4-80 （扭曲度 8，平滑度 2，纹理 [磨砂]） 图 4-81 （扭曲度 8，平滑度 2，纹理 [液晶体]）

选"滤镜 / 素描 / 半调图案"

图 4-82   （大小 2，对比度 25，图案类型 [直线] ）

图 4-83   （大小 2，对比度 25，图案类型 [圆形] ）

图 4-84   （大小 1，对比度 25，图案类型 [网点] ）

选"滤镜 / 素描 / 便纸条"

图 4-85   （图像平衡 25，粒度 10，凸现 11）

选"滤镜 / 素描 / 半调图案 / 海绵"

图 4-86   （画笔大小 2，清晰度 20，平滑度 5）

选"滤镜 / 渲染 / 分层云彩"

图 4-87

选"滤镜 / 渲染 / 光照效果"

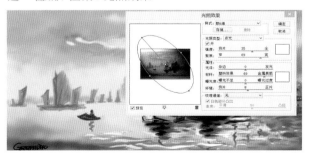

图 4-88

图 4-89   （参数多，未列出）

选"滤镜 / 杂色 / 中间值"

图 4-90 （半径 30 像素）

选"滤镜 / 杂色 / 蒙尘与划痕"

图 4-91 （半径 22，像素阀值 20 色阶）

选"滤镜 / 杂色 / 添加杂色"

图 4-92 （数量 30%，平均分布）

选"滤镜 / 扭曲 / 波浪"

图 4-93

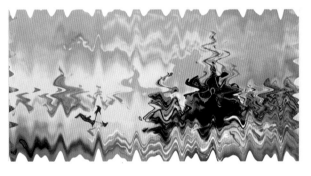

图 4-94 （生成器数 5；波长 15，43；波幅 5，35；比例 [水平]100%，[垂直]100%；类型 [正弦]；未定义区域 [折回]）

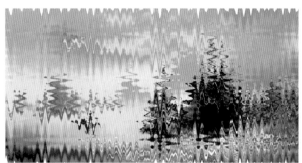

图 4-95 （生成器数 10；波长 15，43；波幅 5，35；比例 [水平] 100%，[垂直]100%；类型 [三角形]；未定义区域 [重复边缘像素]）

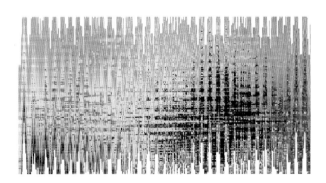

图 4-96 （生成器数 10；波长 30，43；波幅 20，35；比例 [水平]100%，[垂直]100%；类型 [方形]；未定义区域 [重复边缘像素]）

选"滤镜／扭曲／波纹"

图 4-97

图 4-98　（数量 -343，大小 [中]）

图 4-99　（数量 -343，大小 [大]）

图 4-100　（数量 -343，大小 [小]）

选"滤镜／扭曲／海洋波纹"

图 4-101　（波纹大小 9，波纹幅度 9）

选"滤镜／扭曲／极坐标"

图 4-102

图 4-103　（平面坐标到极坐标）

图 4-104　（极坐标到平面坐标）

选"滤镜／扭曲／挤压"

图 4-105

图 4-106 （数量 95%）

选"滤镜／扭曲／扩散亮光"

图 4-107 （粒度 6，发光量 10，清除数里 15）

选"滤镜／扭曲／切变"

图 4-108 （向左调整黑色竖直线，未定义区域 [重复边缘像素]）

选"滤镜／扭曲／球面化"

图 4-109

图 4-110 （数量 100%，模 [正常]）

选"滤镜／扭曲／水波"

图 4-111

图 4-112 （数量 40，起伏 10，样式 [水池波纹]）

图 4-113　（数量 40，起伏 15，样式 [围绕中心] ）

图 4-114　（数量 40，起伏 5，样式 [从中心向外] ）

图 4-115　（数量 67，起伏 15，样式 [水池波纹] ）

选 "滤镜 / 扭曲 / 旋转扭曲"

图 4-116

图 4-117　（333 度）

选 "滤镜 / 像素化 / 晶格化"

选 "滤镜 / 像素化 / 马赛克"

图 4-118　（单元格大小 54）

图 4-119　（单元格大小 23）

选 "滤镜 / 像素化 / 碎片"

图 4-120

选 "滤镜 / 像素化 / 彩色半调"

图 4-121 （最大半径 8，通道 108，通道 162，通道 90，通道 45）

选 "滤镜 / 像素化 / 点状化"

图 4-122 （单元格大小 10）

选 "滤镜 / 像素化 / 铜版雕刻"

图 4-123 （类 [粒状点]）

图 4-124 （类 [短线]）

图 4-125 （类 [中长直线]）

图 4-126 （类 [长边]）

选 "滤镜 / 其他 / 位移"

图 4-127 （水平 +2171 像素右移，垂直 -1026 像素下移，未定义区域 [折回]）

选 "滤镜 / 其他 / 自定"

图 4-128

选 "滤镜 / 其他 / 高反差保留"

图 4-129

图 4-130 （半径 30.7 像素）

选 "滤镜 / 其他 / 最大值"

图 4-131 （半径 8 像素）

图 4-132 （半径 12 像素）

选 "滤镜 / 其他 / 最小值"

图 4-133 （半径 8 像素）

第二节　Photoshop CS3 软件的"样式"功能

"样式"功能也是应用数码技术对不同图层的图像进行不同变化处理的重要手段。如图 2-9 所示的"图像效果""抽象样式""按钮""摄影效果""文字效果 2""文字效果""玻璃按钮""玻璃按钮翻转""纹理"等选项，都能进行图像处理，以获得用传统绘画难以达到的又快又特殊的或想不到的效果。由于篇幅有限，此处仅以 Photoshop CS3 版本举几例来表现其功能的应用，千变万化的图像效果需要读者自己去大胆尝试创新。

例一

图 4-134 表现的是具有动感的舞者，共由 4 个图层组成。

第一层为画笔绘制的舞者。

第二层和第三层用画笔画出移动的形态，采用"滤镜 / 风格化 / 风（大风）"进行处理。

第四层画出投射的舞台灯光（透明度 25%），采用"滤镜 / 扭曲 / 玻璃化"进行处理。

图 4-135 是为了突显舞者，使其立体感增强，采用"样式 / 按钮（1 排 4 号）"进行处理并获得的图示效果。

图 4-136 是为了突显舞者而改变色相对比，将第一层舞者采用"样式 / 按钮（5 排 3 号）"进行处理，第四层舞者采用"样式 / 按钮（3 排 4 号）"进行处理，获得另一种画面效果。

图 4-134

图 4-135

图 4-136

例二

图 4-137 为手绘鹤群的装饰画原图。运用 Photoshop CS3 软件中的"草画笔"，通过调节长度和变换深浅颜色、方向，画出有层次感的草地背景。为了使效果更加立体，富有层次，前面两只鹤可采用"滤镜 / 纹理 / 纹理化（白变浅灰画纹理 [画布]）"进行处理，后面两只鹤则采用"滤镜 / 素描 / 基底凸现"进行处理。

下面以图 4-137 为基础，采用"样式"功能进行不同的变化处理。

图 4-138 是将背景采用"样式 / 按钮（5 排 4 号）"进行处理而获得的背景变化。

图 4-139 又以图 4-138 为基础，采用"样式 / 按钮（3 排 2 号）"进行处理，将所有鹤图层变化为半浮雕状。

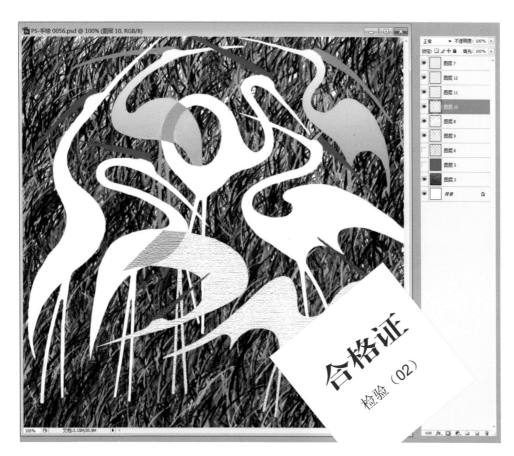

图 4-137

图 4-138

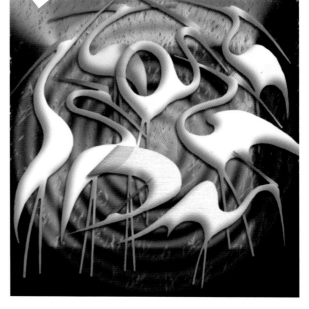

图 4-139

图 4-140 是将背景采用"样式 / 按钮（5 排 1 号）"进行处理而获得的背景变化。

图 4-141 以图 4-140 为基础，将前面所有鹤图层采用"样式 / 按钮（2 排 3 号）"进行处理。

图 4-140

图 4-141

图 4-142 和图 4-143 是采用"样式 / 按钮（4 排 3 号）"进行处理而获得的背景新变化。

图 4-144 和图 4-145 是采用"样式 / 按钮（3 排 6 号）"进行处理得到的背景变化效果。

图 4-142

图 4-143

图 4-144

图 4-145

图 4-146 和图 4-147 是采用"样式 / 按钮（3 排 4 号）"进行处理而获得的背景变化。

图 4-148 是采用"样式 / 按钮（2 排 2 号）"进行的背景处理变化效果。图 4-149 不仅采用了相同的方式来改变背景，而且同时将中、后两层鹤图层采用"样式 / 按钮（1 排 4 号）"进行处理，以改变原来的立体感样式。

图 4-146

图 4-147

图 4-148

图 4-149

　　图 4-150 采用"样式 / 文字效果（3 排 1 号）"进行处理来改变背景效果。图 4-151 不仅采用了相同的方式来改变背景，而且将前面两层鹤图层采用"样式 / 按钮（6 排 2 号）"进行处理，中间三层鹤图层采用"样式 / 按钮（1 排 3 号）"进行处理，后面两层鹤图层采用"样式 / 按钮（1 排 6 号）"进行处理，从而获得不同的立体感效果。

图 4-150

图 4-151

　　图 4-152 采用"样式 / 文字效果（2 排 1 号）"处理背景效果。图 4-153 不仅用前面所述方式改变背景效果，而且后面两层鹤图层采用"样式 / 按钮（2 排 5 号）"进行处理，中间三层鹤图层采用"样式 / 按钮（5 排 2 号）"进行处理，前面两层鹤图层采用"样式 / 按钮（1 排 3 号）"进行处理，从而获得不同的立体感效果。

图 4-152

图 4-153

例三

图 4-154 是一幅以马为主题的装饰画，先用黑色线条在不同图层上画出不同姿态的马，为使立体感效果更好，可采用不同的方式进行处理。首先选择"样式 / 按钮（2 排 2 号）"对背景进行处理，然后对左侧跃起的马采用"样式 / 按钮（5 排 5 号）"进行处理，以获得有凸起感的彩色线条的马。白色的马采用"样式 / 按钮（2 排 1 号）"进行处理，使其形成半浮雕效果。后面三匹小马图形可采用"样式 / 按钮（5 排 5 号）"进行处理。

图 4-154

图 4-155 是对左侧跃起的马采用"样式 / 按钮（3 排 1 号）"进行处理。

图 4-156 是对背景采用"样式 / 按钮（1 排 6 号）"进行处理而得到的背景变化效果。

图 4-157 是对背景采用"样式 / 按钮（3 排 5 号）"进行处理而得到的变化效果。

图 4-155

图 4-156

图 4-158 是对背景采用"样式 / 纹理（1 排 1 号）"进行处理而得到的变化效果。

图 4-159 是对背景采用"样式 / 纹理（2 排 2 号）"进行处理而得到的变化效果。

图 4-157

图 4-158

图 4-159

综上所述，对一些特别的图像可应用"滤镜"或"样式"进行不同的处理，从而获得既快速又具有特殊画面的变化效果。这是一种方便、实用的图像处理方法，读者可进行不同的尝试，以便熟练掌握和应用。

第三节 Painter 12 软件的"效果"功能

在 Painter 12 软件中，同样可以应用它的"效果"数码技术对作品的画面效果进行不同的处理和变化（图 4-160—图 4-237），主要包括以下几方面：

①"应用表面纹理"：可对图像或选定区域进行深度外观、光源控制、光源颜色等调整。

②"匹配面板"：可对图像的颜色变化、亮点变化和量进行调整。

③"色调控制"：可对图像进行颜色校正，调整颜色和选取颜色，调整亮度/对比度，分离、均衡、反转、色调分离等处理。

④"表面控制"：可以改变图像的表面形态，使图像变成木刻、拓印、绢印和素描等效果。

⑤"焦点"：可对图像或细节进行调整，包括智能模糊、景深、玻璃扭曲、动态模糊、锐化、柔化、超级柔化和径向模糊等。

⑥"特殊效果"：可对图像进行艺术化处理，包含应用大理石花纹、自动克隆、自动梵高、斑点、自定义瓷砖、网格纸、制作马赛克、生长、高反差保留、迷宫、元素分布和流行艺术填充等。

⑦"对象"：可以创建下落式阴影或对齐图层。

选"效果 / 表面控制 / 颜色叠加"

图 4-160

图 4-161　（使用 [统一颜色]，不透明度 100%）

选"效果 / 表面控制 / 色调浓度"

图 4-162

图 4-163　（使用 [统一颜色]，最大值 550%，最小值 150%）

选"效果 / 表面控制 / 应用光源"

图 4-164

图 4-165　（亮度 0.5，距离 1.41，仰角 12 度，扩散 28 度，曝光 0.63，泛光 0.33，光源色 [白]，泛光光源色 [白]，泼溅色）

图 4-166　（亮度 0.9，距离 0.75，仰角 65 度，扩散 37 度，曝光 0.63，泛光 0.33，光源色 [白]，泛光光源色 [白]，泼溅色 [斜向聚光灯]）

图 4–167

选 "效果 / 焦点 / 玻璃扭曲"

图 4–168　（使用 [纸纹]，柔化度 5.8，对应 [折射]，品质 [良好]，强度 0.92 ，变化 3，方向 51 度）

图 4–169　（使用 [3D 笔触]，柔化度 5.8，对应 [角度置换]，强度 0.92，品质 [良好]，变化 3，方向 51 度）

选 "效果 / 表面控制 / 快速纹理"

图 4–170

图 4–171　（使用 [纸纹]，灰度阀值 125%，颗粒 75%，对比度 306%）

选 "效果 / 表面控制 / 拓印"

图 4–172

图 4–173　（边缘大小 30.89，边缘强度 50%，平滑度 1，变化 109%，阀值 51%，使用 [颗粒]）

选"效果／表面控制／木刻"

图 4-174

图 4-175 （输出黑色，黑色边缘 40，腐蚀时间 1，腐蚀边缘 1，重量 50%，自动颜色）

图 4-176 （输出黑色，输出彩色，黑色边缘 40，腐蚀时间 1，腐蚀边缘 1，重量 50%，颜色数 59，颜色边缘 0，使用颜色集 [驼色] [黑色]）

图 4-177 （输出彩色，使用颜色集 [驼色] [黑色]）

选"效果／表面控制／快速纹理"

图 4-178 （使用 [纸纹]，灰度阀值 125%，颗粒 75%，对比度 306%）

选"效果／表面控制／素描"

图 4-179

图 4-180 （灵敏度 2.5，平滑度 1.09，颗粒 0，最高阀值 50%，最低阀值 0%）

图 4-181 （灵敏度 3.25，平滑度 3.5，颗粒 1.49，最高阀值 80%，最低阀值 0%）

选"效果／表面控制／应用网屏"

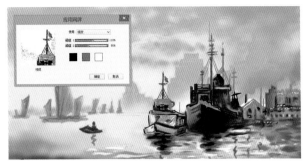

图 4-182

图 4-183　（使用［纸纹］，阀值 1[125%]，阀值 2[80%]，［黑］［墨绿］［白］）

图 4-184　（使用［纸纹］，阀值 1[125%]，阀值 2[80%]，［黑］［红］［黄］）

图 4-185　（使用［图像亮度］，阀值 1[125%]，阀值 2[80%]，［黑］［深蓝］［浅蓝］）

图 4-186　（使用［图像亮度］，阀值 1[125%]，阀值 2[80%]，［黑］［橘红］［白］）

图 4-187　（使用［原始亮度］，阀值 1[137%]，阀值 2[80%]，［黑］［紫］［黄］）

选"效果／表面控制／图像扭曲"

选"效果／表面控制／快速扭曲"

图 4-188

图 4-189

图 4-190　（强度 1.5，角度因素 2，球体）

图 4-191

图 4-192　（角度因素 1，碰撞）

图 4-193　（角度因素 1，盆地）

图 4-194　（角度因素 1.5，旋涡）

图 4-195　（强度 0.5，角度因素 0.1，涟漪）

选 "效果 / 匹配面板"

图 4-196

图 4-197　（颜色 80%，变化 60%，亮度 80%，变化 60%，量 100%）

选"效果 / 应用表面处理"

图 4-198

图 4-199 （使用 [纸纹]，柔化度 0；深度外观：强度 100%，闪光 40%，图像 100%，反射 0%；光源控制：亮度 1.2，高光 4.0，曝光 1.4，光源色 [白]，光源方向 -30 度）

图 4-200 （使用 3D 笔触，（同上））

图 4-201 （使用 [图像高度]，（同上））

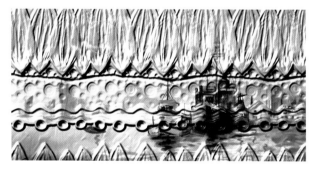

图 4-202 （使用 [原始亮度]，（同上））

选"效果 / 焦点 / 智能模糊"

图 4-203 （量 40%）

选"效果 / 焦点 / 摄像机运动模糊"

图 4-204 （斜偏 85%）

选"效果 / 焦点 / 景深"

图 4–205

图 4–206 （使用 [统一颜色]，最小尺寸 69.3，最大尺寸 13.9）

图 4–207 （使用 [纸纹]，最小尺寸 29.7，最大尺寸 19.8）

选"效果 / 焦点 / 动态模糊"

图 4–208

图 4–209 （半径 51.28，角度 60 度，薄度 8%）

选"效果 / 焦点 / 锐化"

图 4–210

图 4–211 （光圈 [高斯]，强度 50.80，高光 100%，阴影 100%，锐化，[√] 红色，[√] 绿色，[√] 蓝色）

图 4–212　（光圈［图形］，强度 62.9，高光 100%，阴影 100%，锐化，［√］红色，［√］绿色，［√］蓝色）

选 "效果 / 焦点 / 柔化"

图 4–213

图 4–214　（高斯，强度 35.16）

图 4–215　（图形，强度 35.16）

选 "效果 / 焦点 / 超级柔化"

图 4–216

图 4–217　（柔化 20，［√］缠绕）

选"效果 / 焦点 / 径向模糊"

图 4-218

图 4-219 （强度 32%，[√] 放大）

图 4-220 （强度 15，[√] 放大）

选"效果 / 特殊效果 / 高反差保留"

图 4-221

图 4-222 （光圈 [高斯]，强度 50.81）

图 4-223 （光圈 [图形]，强度 50.81）

选"效果 / 特殊效果 / 自定义瓷砖"

图 4-224

图 4-225 （使用 [砖块形]，砖块厚度 12，砖块高度 6，模糊半径 2，模糊次数 2，厚度 1，[√] 使用薄浆，颜色 [黑]）

图 4-226 （使用 [六边形]，角度 0 度，比例 10，模糊半径 2，厚度 1，模糊次数 2，[√] 使用薄浆，颜色 [黑]）

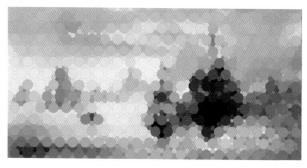

图 4-227 （使用 [12-6-4]，角度 0 度，比例 10，模糊半径 2，厚度 1，模糊次数 2，[√] 使用薄浆，颜色 [黑]）

图 4-228 （使用 [12-6-4 V2]，（同上））

选"效果 / 特殊效果 / 制作镶嵌"

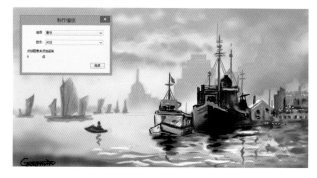

图 4-229

图 4-230 （选项 [添加 500 个随机点]，显示 [片状]）

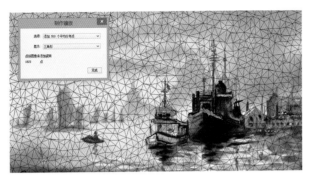

图 4-231 （选项 [添加 500 个随机点]，显示 [三角形]）

图 4-232 （选项 [添加 500 个平均分布点]，显示 [碎片]）

选 "效果 / 特殊效果 / 应用大理石花纹"

图 4-233

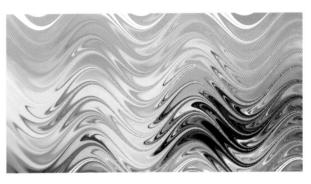

图 4-234 （间距 0.07，偏移 0.10，波动 1.23，波长 0.35，局面 0.09，拖拉 1.06，品质 1.58，方向 [从左到右]）

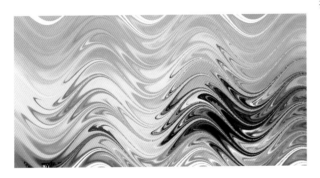

图 4-235 （间距 0.29，偏移 0.34，波动 1.31，波长 0.42，局面 0.09，拖拉 1.08，品质 2，方向 [从上到下]）

选 "效果 / 特殊效果 / 创建大理石图案"

图 4-236

图 4-237 （斑点数量 40，最小尺寸 50，最大尺寸 70，品质精度 4，填充斑点以 [当前颜色]，种子 399334456）

第五章 习作解析

为了便于初学者掌握电脑手绘的基础技能、绘制的程序和方法，现将部分习作的作画过程按典型步骤及要点作一个简要介绍。因绘画方式没有绝对的标准，且每个绘画者有个人的风格和习惯，习作解析仅供参考。

习作解析 1 汽车创意构思效果图的绘制步骤

图 5-1

图 5-1 是已绘制完成的汽车创意效果图。具体操作步骤如下：

第一步：创建图层 1，画出汽车造型草图（略）。

第二步：新建图层 2，在此图层上给汽车绘制着色。此步骤中有光照渐变效果的区域先用"多边形套索"工具确定上色的区域，然后选择"渐变"工具，用如图 2-184 所示的方法进行着色。采用这种方式能获得颜色渐变自然过渡的较好效果（图 5-2）。

第三步：在汽车上色之后创建图层 3，在此图层上用"油漆桶"工具进行路面着色（图 5-3）。

第四步：在路面图层之后再新建图层 4，并在图库中选择如图 5-4 所示的天空和树木图片，将其"粘贴"在此图层上即可。

第五步：新建图层进行签名，完成习作。

图 5-2

图 5-3

图 5-4

习作解析 2 汽车创意效果图及背景肌理处理的绘制步骤

第一步：创建图层 1，在此图层上绘制创意草图（图 5-5）。

第二步：在图层 1 下面新建图层，在此图层上进行汽车作色，画出汽车的块面关系和浓淡变化，使之具有立体感（图 5-6）。

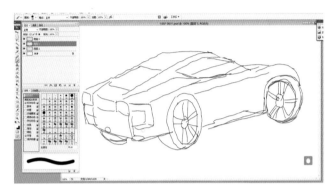

图 5-5

图 5-6

第三步：在上一图层上新建图层，在此图层上画出尾灯（图 5-7）。

第四步：新建图层，在此图层上准确地勾画尾灯、车窗、车轮等轮廓位置和车窗、车顶部高光面等，全面完成车身的色及光感处理（图 5-8）。

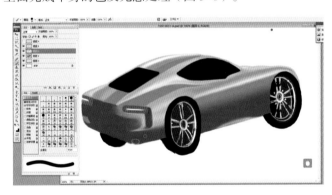

图 5-7

图 5-8

第五步：新建图层，用"油漆桶填色"工具填充黑色背景（图 5-9）。但全黑的单一背景会显得过于死板，可再新建图层于上层，选点状笔在前景部分喷浅灰色小点于车轮下部，形成有变化的背景衬托，再选择"滤镜/风格化/照亮边缘/纹理化"，将纹理选为"砂岩"，经滤镜处理后使其变成细砂土状地面，让画面显得自然生动（图 5-10）。

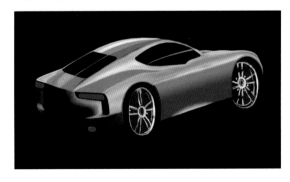

图 5-9

图 5-10

第六步：在最新建图层上进行签名，完成习作（图5-11）。

图5-11

习作解析3 特殊光照效果的汽车创意效果图绘制步骤

第一步：新建图层画出创意草图（图5-12）。

第二步：新建图层并进行车体上色。假设车体受到局部光照且光照效果柔和，故采用渐变方式填色。先将车体右部用"多边形套索"工具选择"右部"，再选择"斜向渐变填色"，使右边车灯部分亮度增强，逐渐加深形成如图5-13所示效果。然后将车体用"多边形套索"工具选择"左侧面"，用"渐变填色"的方式进行上亮下暗的渐变效果处理，再用"画笔"工具画出车轮及车体其他部位的细节。

第三步：在最上面新建图层，并画出前部进风口的栅格线和其他细节（图5-14）。

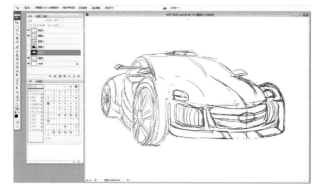

图5-12

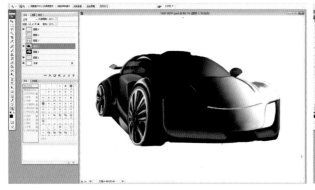

图5-13

图5-14

第四步：新建图层，选择圆形渐变填色绘出圆形的局部渐变背景。选择这种背景效果更易衬托车体受局部照射的光影效果。

第五步：再新建图层于上部，签名后完成习作（图5-15）。

图 5-15

习作解析 4　摩托车创意正视效果图绘制步骤

第一步：新建图层，画出摩托车的创意正侧面造型草图（图5-16）。

第二步：按预想的配色方案进行局部填色。假设顶部受强光照射，因此选择画笔对坐垫及油箱部分画出光感效果（图5-17）。

图 5-16

图 5-17

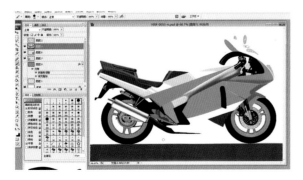

图 5-18

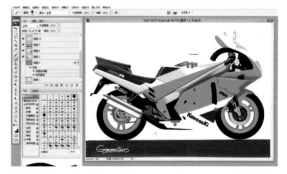

图 5-19

第三步：新建图层于上图层上面，刻画细节，画出车轮等（图5-18）。

第四步：再新建图层于上图层之上，在此图层上进一步画出细节部分和装饰文字（图5-19）。

第五步：选择暖色调的放射形图形，用"油漆桶"工具进行填色，以此作为背景来衬托冷色调的摩托车形体。

第六步：在新建图层上签名，完成习作（图5-20）。

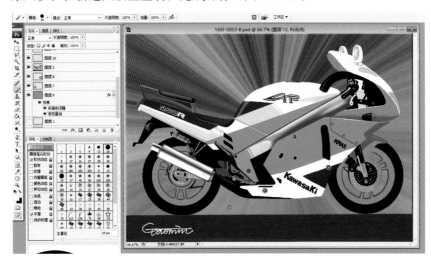

图5-20

习作解析5　汽车创意的单线表现效果图绘制步骤

第一步：新建图层，画出创意草图（图5-21）。

第二步：创建图层并用"渐变填色"方式进行全画面的填色。因为车体的局部亮色为背景色，而且上下略有变化，故无须再进行填色，这样可以简化填色过程（图5-22）。

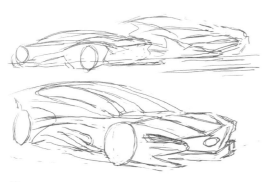

图5-21

图5-22

图5-23

第三步：新建图层于背景色上，用"直尺"工具和"画笔"工具画出平行的细线，与曲线形的车体形成对比。

第四步：在新建图层上进行车体填色，用"多边形套索"工具局部喷笔填色或上色后用"涂抹"工具进行车体光影效果处理（图5-23）。

第五步：新建图层，画出单线的造型图，单线图的关键部位可用较粗的线条给予强调和突出。

第六步：在新建图层上签名，完成习作（图5-24）。

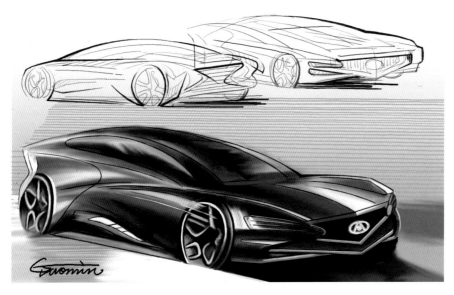

图5-24

习作解析6 利用汽车高光轮廓线进行绘制的效果图绘制步骤

第一步：新建图层，画出创意草图（图5-25）。

第二步：新建图层，由于车体高光线决定了车体轮廓的准确位置，因此本习作采用了先画高光线的方式来约束车体填色范围。为衬托白色的高光线，可先将辅助层面填充为深灰蓝色作为底色，再在上面画出白色高光线（图5-26）。

第三步：新建图层于高光线层面下，选择"画笔"工具或"渐变填色"工具进行车体填色，画出车体的光影关系（图5-27）。

第四步：为了衬托车体，此处选择具有动态感的背景图，粘贴于最下面的新建图层上，完成习作。

图5-25

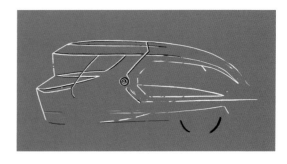

图5-26

图 5-27

习作解析 7 汽车创意构思的多视角表现效果图绘制步骤

第一步：新建图层，画出创意草图（图 5-28）。

第二步：进行车体上色，因为车体侧面是一种上浅下深的渐变效果，因此采用"多边形套索"工具进行处理。选择渐变区域激活后，用"渐变"工具进行逐个块面填色，不同的区域采用不同的渐变方向，这种方式不仅快捷方便，而且区域边界轮廓清晰，效果较好（图 5-29）。

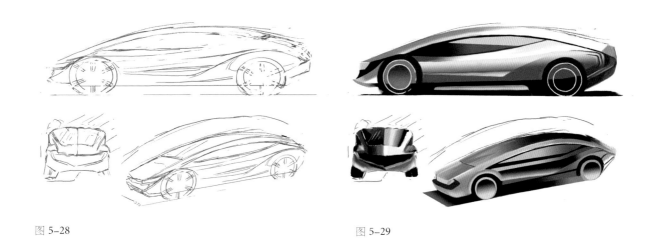

图 5-28　　　　　　　　　　　　　　　　　　图 5-29

第三步：修饰车体其他部位的细节。

第四步：新建图层，用"画笔"工具画出衬托背景色，地平面局部可用"涂抹"工具进行糅混，使之产生模糊的效果（图 5-30）。

第五步：在新建图层上签名，完成习作。

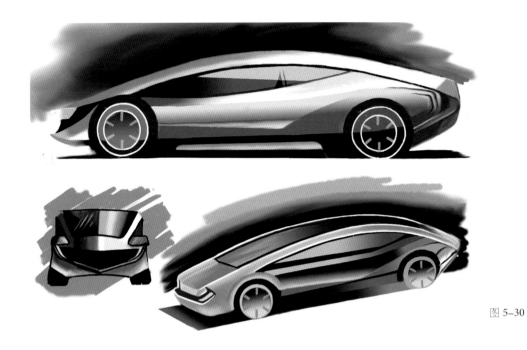

图 5–30

习作解析 8　新创意摩托车单线绘制及背景衬托的绘制步骤

第一步：新建图层，画出创意摩托车草图（图 5–31）。

第二步：用"画笔"工具画出摩托车的单线轮廓图（图 5–32）。

第三步：在摩托车轮廓线范围内填色，表现出简单的光影立体感（图 5–33）。

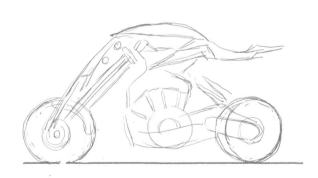

图 5–31

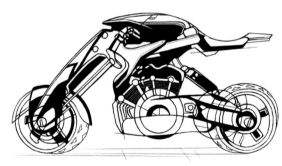

图 5–32

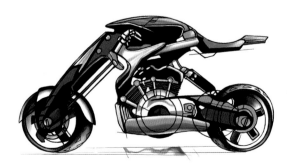

图 5–33

第四步：因摩托车的颜色主调为黑色，为衬托摩托车，可选择暖色调、有动态感的图片为背景，并将图片粘贴于最下面的新建图层，完成习作（图5-34）。

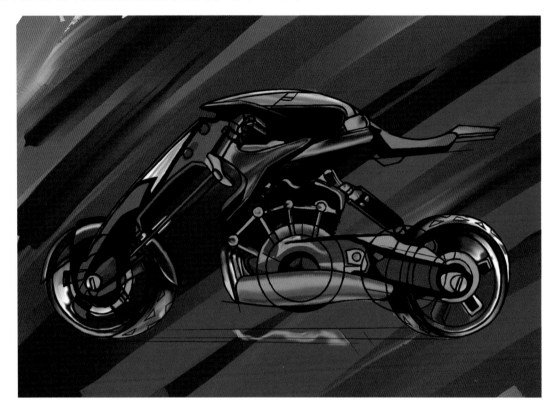

图5-34

习作解析9　汽车创意效果图的光影色块重叠表现方式绘制步骤

第一步：新建图层，画出汽车的创意构思草图（图5-35）。

第二步：确定光影的表现风格。此车采用色块重叠的表现方式来表现光影关系，因此可采用"多边形套索"工具进行不同色块的区域选择，然后用"渐变填色"的方式对每一个色块进行填色处理。采用这种方式填色，既可使区域边界清晰，有车体的光影关系，又使填色有清晰、明快的感觉，是一种特别的光影表现效果（图5-36）。

第三步：在前图层之上新建图层，在此图层上精准地刻画细节，用较细的轮廓线来确定车体每个部分的轮廓，最后关闭草图图层（图5-37）。

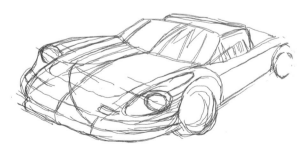

图5-35　　　　　　　　图5-36

图 5-37

第四步：新建图层，用几种不同的形式画出衬托汽车的背景色。上方用略带模糊感的浅蓝色，左侧用略有动感的黑色线条，车下部用点状表现地面的光影变化，这样的衬托背景显得自然、活跃，不死板。

第五步：新建图层于最上面，签名后完成习作（图 5-38）。

图 5-38

习作解析 10　建筑创意效果图绘制步骤

第一步：勾画草图，画出建筑物的透视与体量组合关系（略）。

第二步：新建图层 2，选择色彩"渐变"工具，利用倾斜的渐变方式首先得到大面积的天空渐变效果（图 5-39）。

第三步：新建图层 3，用黑色线条画出建筑物各立面效果的形态和树形等。此步骤画线要求平直，注意玻璃幕墙的透视变化关系，可以利用直线尺来画线条（图 5-40）。

图 5-39

图 5-40

第四步：创建图层4，选用"方头平笔"。用直线尺控制笔的走向，画出深浅不同的抽象云彩，并将此图层置于图层3之下（图5-41）。

第五步：创建图层5，置于图层3之后、图层4之前，用不同色彩与浓淡变化画出各立面玻璃幕墙的反光效果及环境树木的简单色彩变化（图5-42）。

第六步：关闭草图层，再新建图层并签名，完成习作。

图5-43是一幅已完成的建筑构思效果图，具有马克笔画的特色。

图5-41　　　　　　　　　　　　　　　　　　　　　　　图5-42

图5-43

习作解析11　环艺设计平面效果图绘制步骤

第一步：新建图层，根据建筑环境平面图，确定绿化要求，按平面图实际尺寸进行绿化方案构思，画出构思草图（略）。

第二步：在此图层上新建图层，按所选建材的尺寸规格和施工要求，将构思方案草图规范化，用线条画出环艺设计平面线图，线图的表现形式必须采用环艺设计的规范图形绘制（如树木、花草等）（图5-44、图5-45）。

第三步：在规范线图之下，建一层或多层图层，进行不同植物和建材的填色处理。注意光照关系，画出立体感和阴影，使平面图显得活跃、生动（图5-46）。

图5-47是一幅已完成的环艺设计平面效果图。

图 5-44

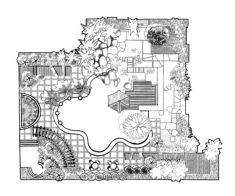

图 5-45

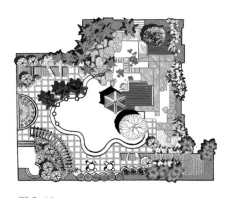

图 5-46

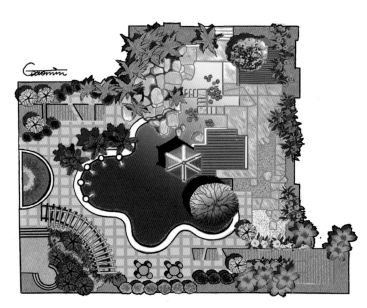

图 5-47

习作解析 12　服装设计创意效果图绘制步骤

第一步：新建图层，并用笔画出服装的创意构思草图（略）。

图 5-48

图 5-49

第二步：在草图之上新建图层，用笔画出服装结构单线图（图5-48）。

第三步：再新建图层于线图之下，按服装配色要求进行填色（图5-49）。

第四步：新建图层于填色图层之上，画出下部裙子的点状花纹、上衣线纹和脸部色彩（图5-50）。

第五步：再新建图层于第四步图层之上，画出有透明感的头巾。选择好头巾颜色后，调整工具栏上方的透明度滑块为50%左右，此时头巾有显露面部的透明感觉（图5-51）。

第六步：为衬托人体的动感效果并使整体色调协调，新建图层，用"喷笔"和"线条笔"画出如图5-51所示的背景效果，以达到烘托服装的效果。

图 5-50

图 5-51

习作解析13　服装设计单线填色效果图绘制步骤

第一步：新建图层，画出三人的服装创意构思草图（图5-52）。

第二步：用"画笔"工具画出服装的单线图（图5-53）。

第三步：在上图层之下新建图层，并进行服装填色和花纹绘制（图5-54）。

第四步：新建图层，进行头部、脚下及服装上的细节刻画，完成习作（图5-55）。

图 5-52

图 5-53

图 5-54

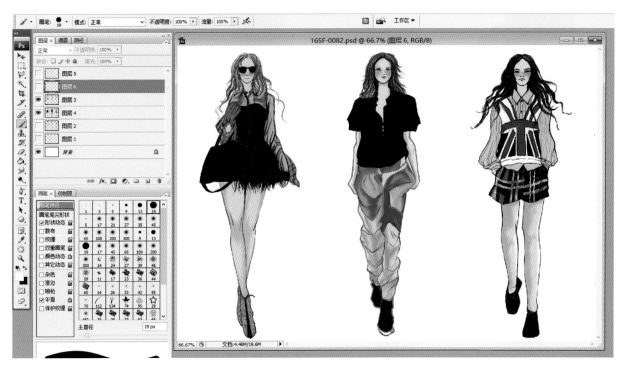

图 5-55

习作解析 14　动漫人物头像绘制及背景选配步骤

第一步：新建图层，画出动漫人物形象草图（图 5-56）。

第二步：在草图下新建图层，用"画笔"工具进行勾线至准确形态（图 5-57）。

图 5-56

图 5-57

第三步：再新建图层于上图层之下，对其各部分进行初步填色（图 5-58）。

第四步：在第三步的图层上新建图层，进行头部及脸部的细致修饰（图 5-59）。

第五步：再新建图层，利用"油漆桶"工具选择有肌理效果的图形进行衣服填色（图 5-60）。

第六步：新建图层为背景层，同样用"油漆桶"工具选择不同的花纹图案进行填色，并将其作为背景（图 5-61）。图 5-62 为几种不同图案的背景效果图，可进行比较选定。

第七步：新建图层于最上面，进行签名即完成习作。

图 5-58

图 5-59

图 5-60

图 5-61

图 5-62

习作解析 15 蜘蛛侠动漫人物的绘制及配景步骤

第一步：新建图层，画出蜘蛛侠造型草图（图 5-63）。

图 5-63

图 5-64

第二步：新建图层，进一步精准勾线，确定轮廓（图 5-64）。

第三步：新建图层，进行填色，并表现出光影关系，使画面中身体部分具有立体感（图 5-65）。

第四步：进一步调整明暗关系，增加对比度，增强立体感（图 5-66）。

图 5-65   图 5-66

第五步：再新建图层于上图层之上，按肢体结构与走向画出贴身衣服上的线纹，头、胸、手、脚的深红色部分采用"油漆桶"工具进行小网格图案的贴图，形成纹样（图 5-67）。

第六步：在上几个图层下面新建图层，在其上绘制屋顶部的圆弧形凸台（图 5-67）。

第七步：用俯瞰的城市建筑图为背景，用剪贴方式将其贴于新建在最底部的图层上，成为衬托人物的背景，完成习作（图 5-68）。

图 5-67

图 5-68

习作解析 16　线条装饰画的立体感表现及衬底选配步骤

本习作因需要具有立体感的线条，因此选择用 Painter 12 软件进行绘制。具体操作步骤如下：

第一步：新建图层，画出装饰画的创意构思草图（图 5-69）。

第二步：再新建图层，用"油漆桶"工具填入深灰色作为背景色，以衬托浅色线条（图 5-70）。

图 5-69

图 5-70

第三步：在此图层上新建图层，选用"厚涂/粗圆笔"，调整画笔参数至适合的数值，进行图案绘制。选择用不同的颜色绘制不同部分，画出的排列线条端部可能不整齐，可选用"橡皮擦"工具将其修齐（图 5-71）。为增强装饰画效果，可改变背景图案及肌理，因此，保存 PSD 格式后可转入 Photoshop CS3 软件进行背景图案变换。

第四步：新建图层，应用"油漆桶"工具在"样式"栏中选择合适的图案，进行背景图案更换。图 5-72 为不同背景图案的搭配效果图。

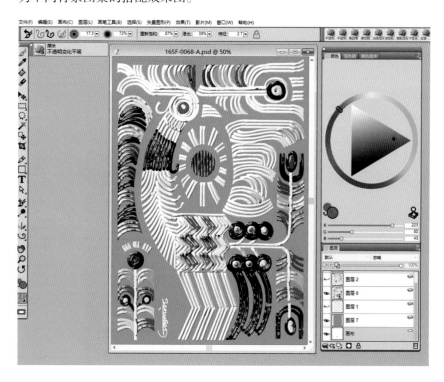

图 5-71

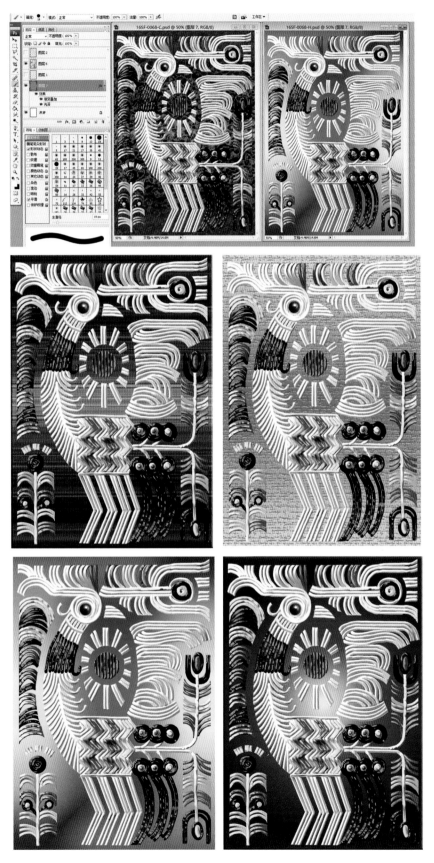

图 5-72

习作解析 17 和平鸽立体感装饰画的表现及背景搭配步骤

第一步：在 Painter 12 软件中新建图层，画出创意构思草图（图 5-73）。

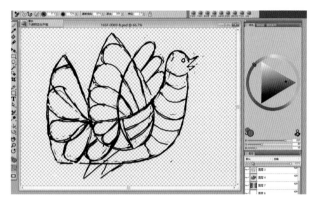 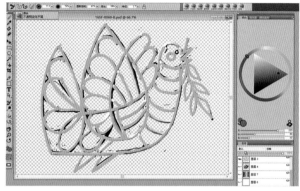

图 5-73   图 5-74

第二步：新建图层，选择"厚涂／不透明变化平笔"绘出圆滑的线条（图 5-74）。但此线条立体感不强，因此可再在其上新建图层，选用"厚涂／纹理－浓重"笔形重新进行勾线（图 5-75）。

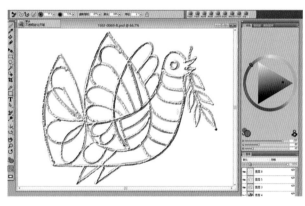 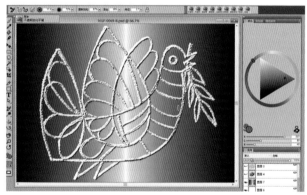

图 5-75   图 5-76

第三步：新建图层，选择"窗口／媒材材质库／渐变材质库"，用"油漆桶"工具填充背景色，衬托出线条的突显感（图 5-76）。

第四步：新建图层于上图层之下，选用"厚涂／纹理－变化"笔形中的不同颜色在线框内填色，产生凹凸不平的肌理效果（图 5-77）。

第五步：新建图层于凸凹轮廓线图层之下，选择"织物材质库"中的某织物图案，用"油漆桶"工具填为背景（图 5-78）；也可用填色图形与织物背景相匹配来完成（图 5-79）。

第六步：新建图层，选用"艺术家画笔／梵高"，用笔画出如图 5-80 所示的背景效果。

第七步：新建图层，选择"喷图材质库"中的花朵图案，用笔喷绘如图 5-81 所示的背景图案，完成习作。

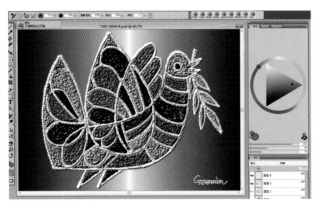

图 5-77

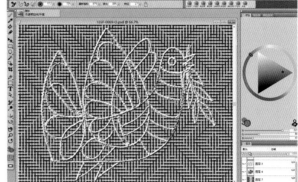

图 5-78

图 5-79

图 5-80

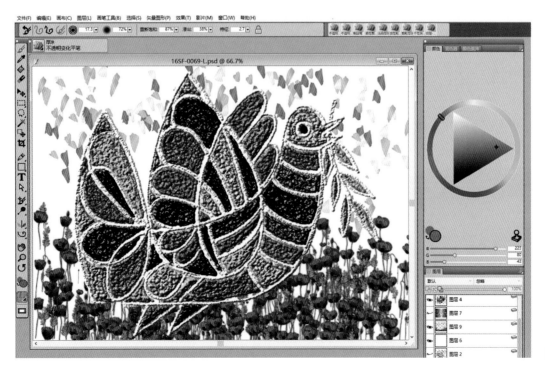

图 5-81

习作解析 18　自然景色的表现及肌理表现绘制步骤

第一步：新建图层，画出创意构思草图（图 5-82）。

图 5-82

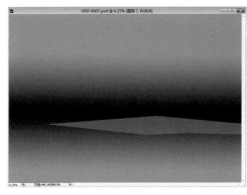

图 5-83

第二步：创建新图层，选择"渐变"工具填出天空背景色，下部分区域用同样的办法进行不同的填色处理（图 5-83）。

第三步：新建图层于上图层之上，画出白色云彩效果（图 5-84）。

图 5-84

图 5-85

第四步：新建图层作为下部地面，选用"油漆桶"工具对各区域填色（图 5-85）。

第五步：再新建图层于上图层之上，选用"画笔/画笔笔尖形状/形状动态、散布、纹理"调整小花点的大小和间距，在各区域内填入不同颜色的小花点（图 5-86）。

第六步：在此图层上新建图层，画树（图 5-87）。

图 5-86

图 5-87

第七步：将原地面图层选用"滤镜／风格化／照亮边缘／纹理化／砂石"，设置缩放"100%"，凸现"10"，光照"左上"，形成沙漠状效果。

第八步：再新建图层，签名，完成习作（图5-88）。

图5-88

习作解析 19 黑熊的写实表现绘制步骤

第一步：新建图层，画出创意构思草图（图5-89）。

第二步：创建图层，绘制天空、地面和水面（图5-90）。

第三步：再新建图层，选用"画笔"工具绘制黑熊的皮毛（图5-91）。

第四步：再新建图层于最上面，选用"画笔／画笔笔尖形状／形状动态、散布"，调整大小、间距到适合大小，画出飞溅的水滴（图5-92）。

第五步：再新建图层，签名，完成习作（图5-93）。

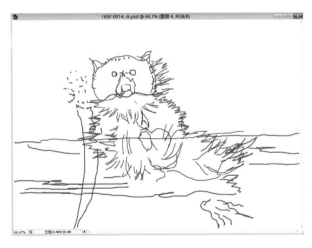

图5-89

图5-90

图 5-91

图 5-92

图 5-93

习作解析 20　草莓、葡萄静物的写实表现绘制步骤

第一步：新建图层，画出创意草图（图 5-94）。

第二步：因绘制的草莓具有凹凸的立体感，因此将文件转入 Painter 12 软件，选用"厚涂 / 纹理 – 变化"的笔形，画出具有肌理效果的草莓（图 5-95）。

第三步：因绘制的葡萄为光滑曲面，因此储存文件后转入 Photoshop CS3 软件进行绘制。在草莓上勾画出透明玻璃器皿的高光线，表现出玻璃的透明效果（图 5-96）。

图 5-94

图 5-95

图 5-96

图 5-97

图 5-98

图 5-99

第四步：新建图层，选用"渐变"工具填充背景色（图 5-97）。

第五步：选用"橡皮擦"工具使背景玻璃幕墙形成白色的透明部分及水滴下流的状态。由于"橡皮擦"工具擦除的边界比较清晰，可选用"涂抹"工具进行柔化，使其边界产生模糊、浸润的感觉，同时应用"画笔 / 画笔笔尖形状 / 形状动态、散布"调整点的大小和间距，并喷射黄色的小点于背景玻璃上（图 5-98）。

第六步：在此图层之下新建图层，在新建图层上用喷笔喷出黑灰色的天空（图 5-99）。

第七步：再新建图层于天空图层之上，绘出月亮和星星的图形（图 5-100）。

第八步：新建图层，签名，完成习作（图 5-101）。

图 5-100

图 5-101

习作解析 21　花的写实表现及肌理效果绘制步骤

第一步：新建图层，在其上选用宽笔形和不同深浅的同色调颜色画出背景层（图 5-102）。

第二步：在背景层上新建图层，绘出花朵的草图（图 5-103）。

第三步：新建图层，用不同粗细的笔形画出花朵，再选用细点状笔画出花心（图 5-104、图 5-105）。

第四步：新建图层，绘出花茎和花苞及其立体效果。在此基础上，选用最细的画笔画出花茎和花苞上的绒毛，并进一步用细线笔勾画花朵的纹理，使其表现的肌理效果更突出（图 5-106、图 5-107）。

第五步：再新建图层，签名，完成习作。

图 5-102

图 5-103

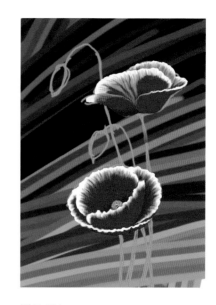

图 5-104

图 5-105

图 5-106

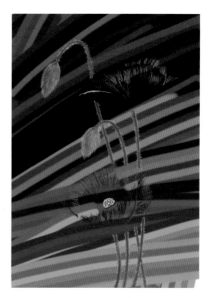

图 5-107

习作解析 22　人物头像素描绘制步骤

第一步：先画黑白素描的线稿（和在普通纸上画素描一样）。新建图层 2，用细线"铅笔"工具在画面上简略画出人物头像的轮廓，注意眼、耳、口、鼻之间的比例和粗略的轮廓。为了得到立体感和光照效果，也可以选用"炭铅笔"工具粗糙地画一下头发和脸部大致的明暗关系，便于判断各部位的比例轮廓是否合适。

第二步：再重新建图层 3，在此图层上选用粗细不同的"炭铅笔"工具对各部位进行细致刻画。如果画错了，可以选择"橡皮擦"工具进行擦除修改；需要轻柔的部位可以选择"涂抹"工具进行轻柔处理；如需提高光泽度，可采用"橡皮擦"工具或直接选用白色"画笔"工具进行高光部位的修饰（图 5-108）。

第三步：习作完成后，关闭画线稿的图层 1，这样就不会影响素描的整体效果（图 5-109）。

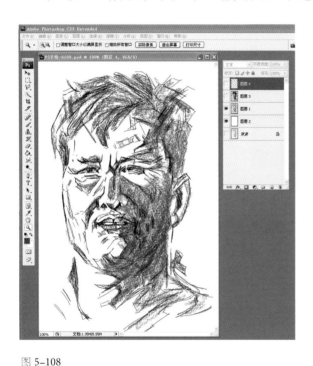

图 5-108

图 5-109

习作解析 23　现代国画景观的绘制步骤

图 5-110 为最后完成的习作，该画为带有水彩风格的国画。其具体操作步骤如下：

第一步：新建图层 2，在此图层上起草图（勾轮廓）确定画面布局（图 5-111）。一般来说，在宣纸上画国画不允许起草图轮廓，因为轮廓线条无法去除，会影响画面效果，但电脑手绘应用透明层就可方便起草图，这对初学者来说是非常有利的。

第二步：重新再建一图层 3，选用"画笔"工具中粗细合适的黑色画笔，应用国画中的"勾线"方法确定绘画要素（图 5-112）。在画的过程中可选用"橡皮擦"工具对线条进行修饰和调整。

第三步：又新建图层 4，此时将勾线图层 3 调至图层 4 上面，以便按线图区域分别上色。选择虚实不同、粗细不同的"画笔"工具进行不同画面要素的上色处理，个别部位的色彩虚实变化和浸润感觉可以选择"涂抹"工具进行润饰和形状位置调整（图 5-113）。

第四步：再新建图层 5，在此图层上绘制黑色的前景树干。单独建一图层画树枝，以便修改树形、树叶和枝干的粗细变化，用"橡皮擦"工具进行修整，不会影响后面的图形和色彩效果（图5-114）。

第五步：再新建图层6，用"画笔"工具选择不同的色彩绘制晾晒的衣物、盆景等物件。

第六步：新建图层7，进行签名。关闭画草图的图层，消除勾草图线条对画面的影响，完成习作（图5-115）。

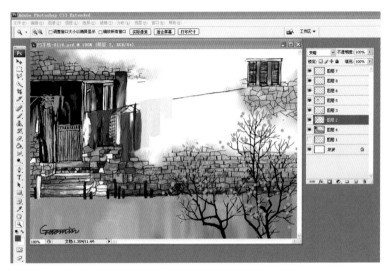

图 5-110

图 5-111

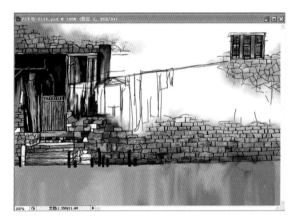

图 5-112

图 5-113

图 5-114

图 5-115

习作解析 24　水彩景色的绘制步骤

第一步：新建图层 2，在其上用细彩色线条画出画面要素的简略形态及位置（图 5-116）。用不同颜色是为了便于区分要素的性质差别，如黑色树干与白色树干的位置差别，要特别注意。

第二步：新建图层 3，选择色彩"渐变"工具将天空部分的渐变效果画出来（图 5-117）。用此方法比用"画笔"工具中喷绘等任何方法的均匀渐变效果要好，而且无论面积大小，都能画出很自然的渐变效果，同时还很省时。

图 5-116

图 5-117

第三步：再新建图层 4，在此图层上选用"画笔"工具的实笔或喷绘方法对房屋建筑和草地进行上色（图 5-118）。

第四步：再新建图层 5，对建筑物和草地进行细节绘制和调整（图 5-119）。因为是在独立的图层上操作，所以不管怎样改动，都不会影响下面建筑物和草地的颜色。

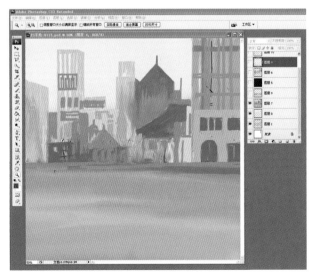

图 5-118

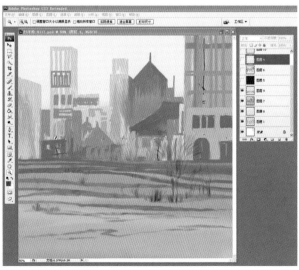

图 5-119

第五步：再新建图层6，在此图层上绘制黑色的树干、树枝，用"橡皮擦"工具对树形、树枝进行细致的修饰（图5-120）。

第六步：又新建图层7，在此图层上画白色的树枝、树干。由于后面的建筑物和草地的颜色比较明亮，与白色的对比度不大，因此为了画好白色树枝、树干，可再新建深蓝色的辅助图层8将透明度略微调高，使之能略微显现出后面建筑的形状，并将图层7调在图层8前面，此时在深蓝色底上画白色的树枝、树干就比较方便观察（图5-121）。画完白色树干后，删除辅助图层8。

第七步：新建图层9，在此图层上绘制树叶等（图5-122）。

第八步：再新建图层10，在此图层上进行签名。最后关闭草图图层，完成习作（图5-123）。

图 5-120

图 5-121

图 5-122

图 5-123

习作解析 25 海鸥及海水流动表现的绘制步骤

图 5-124 是已完成的习作，此图是模仿用水冲洗颜色的一种自然肌理效果，但也可以用电脑手绘的方式来达到。其具体操作步骤如下：

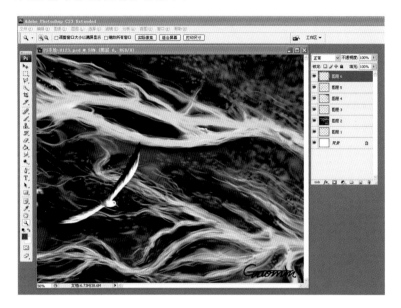

图 5-124

第一步：新建图层 2，在此图层上用红色细线画出画面布局的草图（略）。

第二步：再创建图层 3，在此图层上选用"画笔"工具，用深蓝色画笔画出或喷绘出海水面的局部变化（图 5-125）。

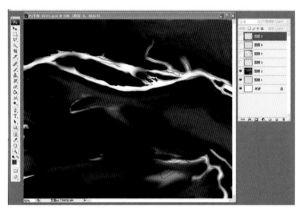

图 5-125

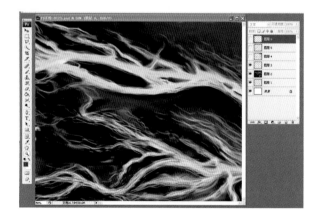

图 5-126

第三步：新建图层 4，在此图层上用白色和不同粗细的画笔画出水流动的线条，要表现出水流动的深浅变化（图 5-126）。此时可选择"涂抹"工具，用不同的强度（直径的大小变化）来修饰水的扩散与流动感，反复进行涂抹调整。

第四步：新建图层 5，用图 2-34 中 95 号笔尖调整点的扩散状态，画出不同分散状态的小白点，以此表现水波中的反光亮点（图 5-127）。

第五步：新建图层 6，在此图层上画出飞翔的海鸥，并置于画面的最前面（图 5-128）。

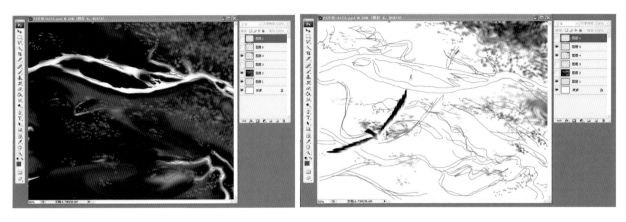

图 5-127　　　　　　　　　　　　　　　　　　图 5-128

第六步：最后关闭画草图的图层，完成习作。

习作解析 26　大树雪景的绘制步骤

第一步：勾草图（略）。

第二步：新建图层 2，选用"渐变"工具画出天水相连的淡蓝色渐变效果（图 5-129）。

第三步：新建图层 3，在此图层上绘出远处的树形和水中的倒影，注意树枝、树干由浅到深形成虚幻的空间感（图 5-130）。

第四步：新建图层 4，用深黑灰色画出前景中最突出的大树，因雪天有雾气，略有一点立体感即可（图 5-131）。

图 5-129　　　　　　　　　　　　　　　　　　图 5-130

第五步：再新建图层 5，选择"绒雪状效果"技法，在前后树枝上部和地面画出积雪状。画出远处打伞的红衣人物，并将其作为色彩的点缀，活跃画面的气氛（图 5-132）。

第六步：关闭草图，完成习作。

图 5-131

图 5-132

习作解析 27　国画葡萄的绘制步骤

图 5-133 是一幅国画风格的葡萄图画。在国画中，画葡萄的难度很大，要求要有很高的光感、立体感和不同的色彩变化。但在电脑手绘中，我们可以充分利用电脑的特性轻松实现逼真的葡萄效果。其具体操作步骤如下：

第一步：创建图层 1，进行画面布局，勾出草图（图 5-134）。

第二步：新建图层 2，应用画立体葡萄的喷绘方法逐层绘制。每画一颗葡萄就新建一图层，因为应用"椭圆"工具拉出每颗葡萄的形状后，除了在椭圆范围内用"画笔"工具的喷绘功能实现色光效果外，还要应用"编辑 / 自由变换"功能来调整葡萄的方位和位置。一颗葡萄一个图层，方便调整和修改，不至于因为修改某一颗葡萄而影响其他的葡萄。从如图 5-135—图 5-140 所示的图层管理栏中可见已经建立了数十个图层。

图 5-133

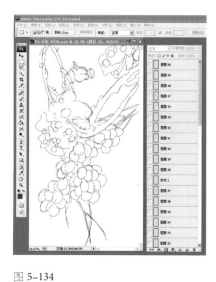

图 5-134

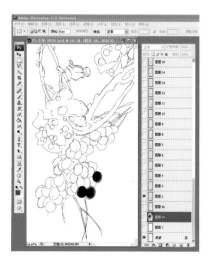

图 5-135

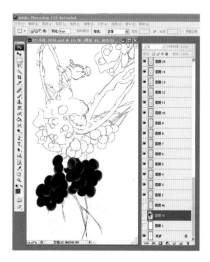

图 5-136

图 5-137

　　第三步：如图 5-141 所示，在此之前画出的葡萄色调较重，还没有表现出葡萄表皮应有的一层灰蒙蒙的感觉，因此选择"不透明度"调整滑块，设置不透明度为 90%，这样可使葡萄表面既透明又有一种灰蒙蒙的效果。

　　第四步：再新建图层，在此图层上用白色画笔点出每颗葡萄的高光点，这样可增强葡萄的光亮感和立体感（图 5-142、图 5-143）。

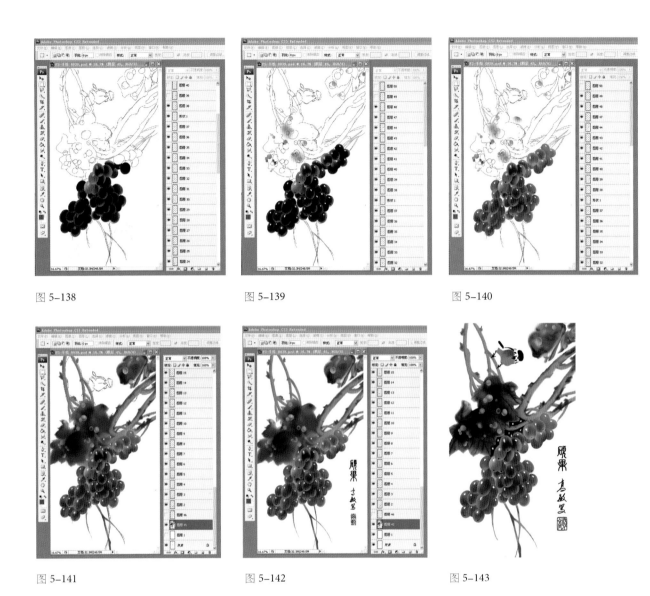

图 5-138

图 5-139

图 5-140

图 5-141

图 5-142

图 5-143

习作解析 28　国画松树的绘制步骤

　　第一步：创建图层 1，勾出画面布局的草图（图 5-144）。

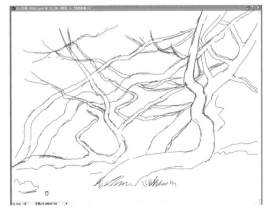

图 5-144

图 5-145

第二步：再新建图层 2，在此图层上选择"画笔"工具的"喷笔"，画出松叶的浓淡变化与远近色彩变化关系。然后选择图 2-34 默认画笔笔尖中的"112 号、134 号"笔尖，再应用如图 2-41 所示的调整方式，按所需的不同深浅、长度和方向画出松毛叶、叶毛的分布，注意疏密关系和浓淡变化（图 5-145）。

第三步：创建图层 3，选择不同深浅和粗细的棕黑色颗粒状笔触的"炭铅笔"，画出树干（图 5-146）。注意树干的远近关系和树干与树枝的受光面与背光面，突显树干的立体感。

第四步：关闭草图图层，再新建图层 4，进行题字和绘制印章，完成习作（图 5-147）。

图 5-146

图 5-147

习作解析 29　水粉画花束静物的绘制步骤

第一步：创建图层 1，勾画草图（图 5-148）。

第二步：创建图层 2，在此图层上选用"渐变"工具画出背景的渐变效果（图 5-149）。

第三步：在图层 2 上先确定着色区域，再选用"渐变"工具画出桌面的变化效果，然后选择图 2-34 默认画笔笔尖中的"95 号"笔尖，调整至合适的疏密度后，画出淡紫色的疏密小点（图 5-150）。

图 5-148

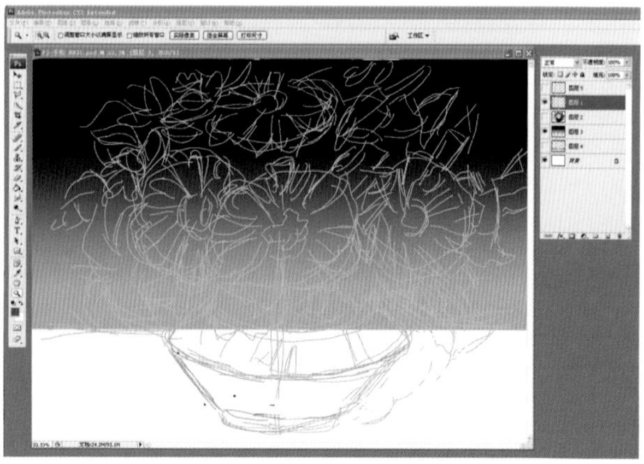

图 5-149

第四步：再新建图层 3，在此图层上绘制花和花瓶主体（图 5-151）。

第五步：在最上面新建图层并签名，关闭草图图层，完成习作（图 5-152）。

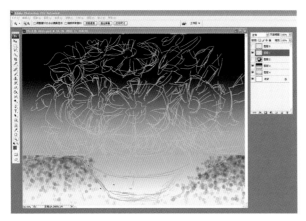

图 5-150

图 5-151

图 5-152

习作解析 30　油画牧羊人的绘制步骤

第一步：新建图层 1，勾画草图（图 5-153）。

第二步：新建图层 2，用"画笔"工具绘制天空和土坡（图 5-154）。

第三步：新建图层 3，用多种"画笔"工具和其他多种工具绘制老牧羊人头像和全身衣着（图 5-155）。

第四步：按"擦纸法"综合运用沾染笔法、涂抹、肌理等手法，即可画出皮衣和皮毛的肌理效果（图 5-156）。

第五步：新建图层并签名，关闭草图图层，完成习作（图 5-157）。

图 5-153

图 5-154

图 5-155

图 5-156

图 5-157

习作解析 31　花冠少女头像绘制及立体感表现步骤

图 5-158 为一幅已完成的少女侧面头像。其具体操作步骤如下：

第一步：在 Photoshop CS3 软件中新建画面，再新建图层 1 画草图（图 5-159）。

图 5-158　　　　　　　　　　　　　　　　　　　　　　　图 5-159

第二步：新建图层 2，选用"渐变"工具绘制渐变的背景色（图 5-160）。

第三步：新建图层 3，用"画笔"工具及"涂抹"工具等绘制少女的脸部和身穿的网眼外套（图 5-161）。

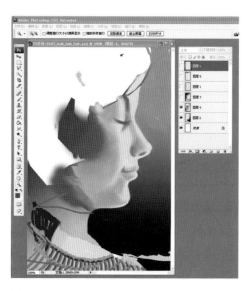

图 5-160　　　　　　　　　　　　　　　　　　　图 5-161

第四步：新建图层 4，用不同粗细的画笔工具绘制飘扬的头发，再用"涂抹"工具进行糅混和调整（图 5-162）。

　　第五步：将图暂时先用 PSD 格式保存下来，然后转入 Painter 12 软件。在此软件中选用"厚涂 / 不透明鬃毛笔"画笔绘制少女头上戴的花朵。这种笔能画出立体感的花朵，增强画面的艺术效果（图 5–163、图 5–164）。

　　第六步：转入 Photoshop CS3 软件进行全面调整（图 5–165）。新建图层并签名，关闭草图图层，完成习作。

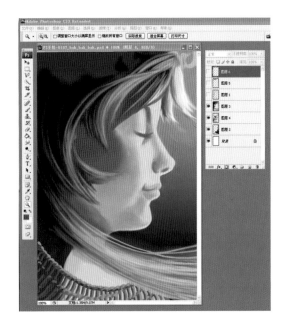

图 5–162

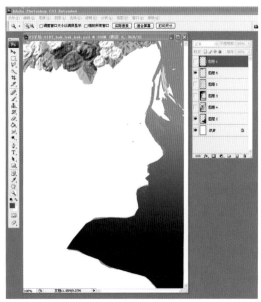

图 5–163

图 5–164

图 5–165

习作解析 32　油画维吾尔族女人头像绘制及帽子的不同肌理效果表现步骤

图 5-166 为一幅已完成的维吾尔族女人的油画头像。其具体操作步骤如下：

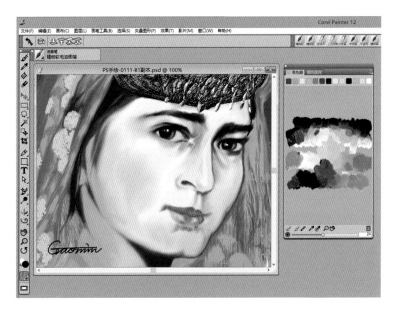

图 5-166

第一步：在 Photoshop CS3 软件中新建画面，创建图层 1，勾画草图（图 5-167）。

第二步：再新建图层 2，选用"画笔"工具，反复应用"涂抹"工具、"减淡或加深"工具画出面部等，不断调整面部、头披、帽子的画面效果直到满意为止，并用 PSD 格式保存起来（图 5-168）。从图 5-169 可以看出，初稿画出的维吾尔族帽子的质感和色彩效果都不尽如人意，故可专门选择多种不同特效的画笔来绘制色质效果更好的维吾尔族帽子，以提高画面的艺术性。

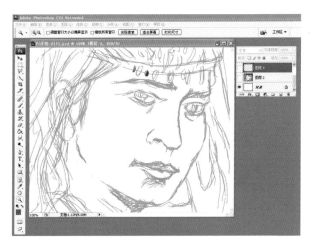

图 5-167

图 5-168

图 5-169

第三步：转入 Painter 12 软件，选择"厚涂 / 湿性粗圆笔、湿性粗平笔或软胶"等几类画笔，画出立体感很强的玉石或金属材质的多样装饰件（图 5-170、图 5-171）。

图 5-170

图 5-171

第四步：为了加强帽子的肌理效果，可选用"厚涂／肌理透明"画笔在已画好的帽子上增加肌理效果，也可选择"厚涂／不透明鬃毛笔"画笔改变帽子的肌理效果（图5–172）。

图 5–172

第五步：新建图层，签名并关闭草图层，可以将几种不同肌理效果帽子的画面都储存下来供选用。

第六步：再将文件转入 Photoshop CS3 软件进行全面修饰调整直至满意为止，完成习作。

第六章 习作赏析

图 6-1—图 6-150 是笔者电脑手绘所作，充分展示出电脑手绘覆盖了绘画的各个领域，可谓应用广泛。

第一节 电脑手绘习作

一、设计类电脑手绘习作

图 6-1

图 6-2

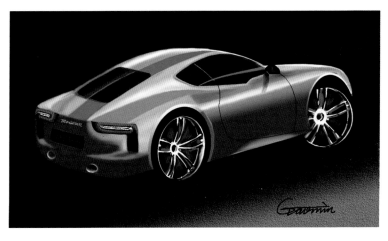

图 6-3

图 6-4

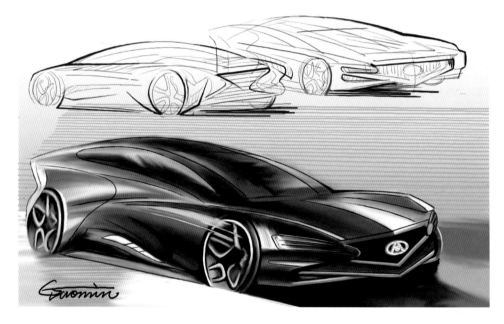

图 6-5

图 6-6

图 6-7

图 6-8

图 6-9

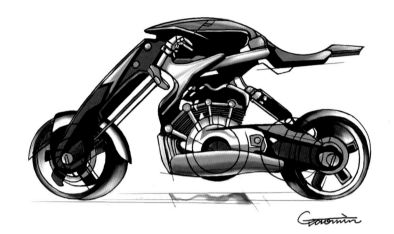

图 6-10

图 6-11

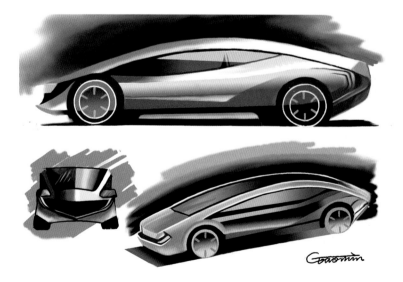

图 6-12

图 6–13

图 6–14

图 6–15

图 6-16

图 6-17

图 6-18

图 6-19

图 6-20

图 6-21

图 6-22

图 6-23

图 6-24

图 6-25

图 6-26

图 6-27

图 6-28

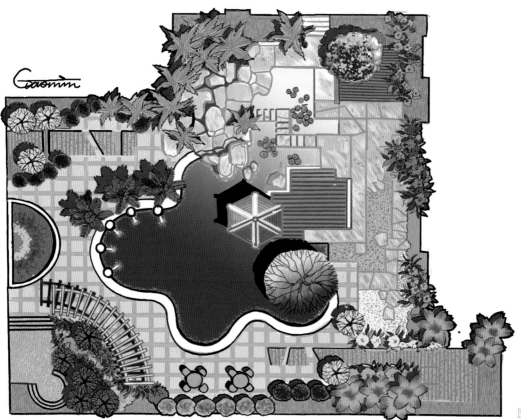

图 6-29

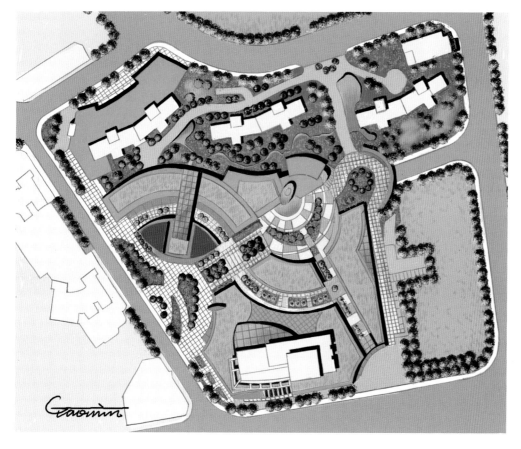

图 6-30

二、写实类电脑手绘习作

图 6-31

图 6-32

图 6-33

图 6-34

图 6-35

图 6-36

图 6-37

图 6-38

图 6-39

图 6-40

图 6-41

图 6-42

图 6-43

图 6-44

图 6-45

图 6-46

图 6-47

图 6-48

图 6-49

三、传统绘画类电脑手绘习作

1. 国画习作

图 6-50

图 6-51

图 6-52	图 6-53
图 6-54	图 6-55
图 6-56	图 6-57

图 6-58

图 6-59

图 6-60

图 6-61

图 6-62

图 6-63

图 6-64

图 6-65

图 6-66

图 6-67

图 6-68

图 6-69

图 6-70

图 6-71

图 6-72

图 6-73

图 6-74

图 6-75

图 6-76

2. 素描习作

图 6-77   图 6-78   图 6-79

图 6-80   图 6-81   图 6-82

3. 水粉画习作

图 6-83

图 6-84

图 6-85

图 6-86

图 6-87

图 6-88

图 6-89

图 6-90

图 6-91

图 6-92

图 6-93

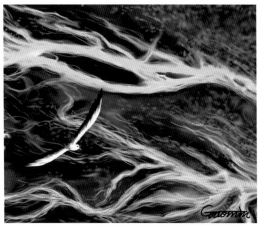

图 6-94	图 6-95
图 6-96	图 6-97

图 6-98

图 6-99

图 6-100

图 6-101

图 6-102

图 6-103

4. 水彩画习作

图 6-104

图 6-105

图 6-106	图 6-107
图 6-108	图 6-109
图 6-110	图 6-111

图 6-112

图 6-113

图 6-114

图 6-115

5. 油画习作

图 6–116

图 6–117

图 6–118

图 6-119

图 6-120

图 6-121

图 6-122

图 6-123

图 6-124

图 6-125

图 6-126

四、其他类习作

图 6-127

上海电影制片厂

彩色故事片

图 6-128

图 6–129

图 6–130

图 6-131

图 6-132

图 6-133

图 6-134

图 6-135

图 6-136

图 6-137

图 6-138

图 6-139（原图 图 6-138 的肌理处理）

图 6-140

图 6-141（原图 图 6-140 的肌理处理）

图 6-142

图 6-143（原图 图 6-142 的肌理处理）

第二节　应用其他绘画软件的习作

图 6–144

图 6–145

图 6–146

图 6-147

图 6-148

图 6-149

第三节 从手写板绘画到电脑手绘

20 世纪 90 年代，个人电脑的应用比较普及，用电脑进行图形平面设计和图片处理比较广泛，但应用电脑进行绘画还并未推广，只有在动漫设计及插图等印刷品中有应用，尤其是用电脑手绘来画传统绘画中的素描、水彩、国画、油画、装饰画等比较少见。1997 年，笔者使用了日本新出的 Wacom 手写板在电脑上进行手绘尝试，由于当时缺乏绘画软件，手写板还没有完善的数位板功能，仅用了最初的 Photoshop 软件，因此只能画出几幅不甚理想的画作（图 6-150 —图 6-158）。

随着电脑技术的飞跃发展，不论是硬件还是软件都有很大的发展变化，尤其动漫创作的飞速发展，以及广告、电子出版物等的需求增大，应用电脑手绘的情况日益增多，硬件由数位板发展到数位屏，甚至是二合一的数字屏电脑，为电脑手绘提供了非常强大的技术支持。同时，绘画软件的不断升级和发展，满足了不同层次人士的需求，使电脑手绘的基础条件已非常成熟。另外，随着现代科技的快速发展和数字时代的到来，绘画学习的传统观念和方式方法也发生了转变，探索以节约资源、方便快捷的方式进行绘画学习和训练。因此，笔者个人认为，不论是学校的绘画教学，还是特殊的绘画人才培养与业余的绘画学习，都可以尝试用电脑手绘的方式来进行，让绘画来一次"绿色革命"。

图 6-150

图 6-151

227

图 6-152	图 6-153
图 6-154	图 6-155
图 6-156	图 6-157

图 6-158

参考文献

［1］时代印象. Photoshop CS6 技术大全［M］. 北京：人民邮电出版社，2013.

［2］李光辉. Painter 12 软件标准教程［M］. 北京：人民邮电出版社，2011.